U0496001

男孩要有好性格

塑造男孩阳光性格的有效方法

董亚兰　郭志刚　编著

北京理工大学出版社
BEIJING INSTITUTE OF TECHNOLOGY PRESS

版权专有　侵权必究

图书在版编目（CIP）数据

男孩要有好性格：塑造男孩阳光性格的有效方法 / 董亚兰，郭志刚编著 . —北京：北京理工大学出版社，2018.5（2019.9重印）
ISBN 978-7-5682-5348-2

Ⅰ. ①男… Ⅱ. ①董… ②郭… Ⅲ. ①男性—性格—培养—青少年读物 Ⅳ. ① B848.6-49

中国版本图书馆 CIP 数据核字 (2018) 第 037497 号

出版发行	/	北京理工大学出版社有限责任公司
社　　址	/	北京市海淀区中关村南大街5号
邮　　编	/	100081
电　　话	/	（010）68914775（总编室）
		（010）82562903（教材售后服务热线）
		（010）68948351（其他图书服务热线）
网　　址	/	http://www.bitpress.com.cn
经　　销	/	全国各地新华书店
印　　刷	/	三河市华骏印务包装有限公司
开　　本	/	880毫米 × 1230毫米　1/32
印　　张	/	6
字　　数	/	150千字
版　　次	/	2018年5月第1版　2019年9月第2次印刷
定　　价	/	25.00元

责任编辑 / 王美丽
文案编辑 / 孟祥雪
责任校对 / 周瑞红
责任印制 / 施胜娟

前言
PREFACE

好性格成就男孩一生

身为男孩，决定我们命运的是什么呢？

是父母给我们的成长环境，还是我们后天所获得的财富地位呢？不，这些都不是决定男孩命运的关键因素。

影响男孩命运的是男孩的性格。

我们的人际交往能力、自我学习能力、处理突发情况的能力都受制于自己的性格，也得益于自己的性格。因此可以说，完善我们的性格等于完善我们的人生。

青春期是一个男孩走向成熟与睿智的关键时期，也是性格健全、人格独立的关键时期。这一时期，是对童年不完美性格的矫正，也是对成年性格的奠基；这一时期，是性格塑造和完善的"黄金时期"，也是决定男孩人生成败的关键时期。所以，我们要抓住这一人生的"黄金时期"，塑造"完美"性格。

何为男子汉？

面对困难，男子汉要愈挫愈勇；面对亲友，男子汉要宽容为怀；面对失意，男子汉要一笑置之，然后重整旗鼓，再次出发！

何为大丈夫？

真正的大丈夫是谦虚谨慎、从不自大的饱满稻穗，内心丰盈却从不炫耀；是脚踏实地、专注当下的坚定行者，是人生之路上比别人多一点努力和永不放弃执着前行的奋斗者。真正的大丈夫，没有优柔寡断的怯懦，只有果敢刚毅的坚决；没有轻言放弃的软弱，只有咬定青山不放松的执着。

人无完人，没有人的性格是百分百完美的，但是每个人都有追求完美的权利。在追求完美的路上，如果能有指引前进方向的路标，必将事半功倍。本书是我们在成为男子汉、大丈夫道路上的最好指引者，帮助我们成就"完美性格"，走向"完美人生"。

本书从性格的力量、自信、勇敢、乐观、宽容、善良谦逊、积极进取、坚决果断、坚韧不拔等多个方面入手，为青春期的男孩带来最全面、最生动、最实用的性格教育，将生活中的真实案例作为"教材"，将历史上成功的人物作为榜样，为男孩带来最深刻的性格教育，帮助男孩克服性格中的弱点，发现性格中的亮点，打造"完美性格"的男孩，让性格成为每一个男孩的最佳帮手，为男孩今后的人生之路打下良好的基础，让男孩的未来更加成功、辉煌！

你准备好做一个拥有"完美性格"和"完美人生"的男子汉了吗？现在就让我们一起打开本书，为自己的性格寻找一面镜子，为自己的人生点亮一盏明灯！

编　者

目录 CONTENTS

第一章
性格影响男孩一生——好性格拥有强大的正能量

性格决定男孩一生的财富 / 2

性格好，身体也会很健康 / 4

不良性格会让男孩处处碰壁 / 7

每天改变一点，让自己的性格更好 / 10

改变性格，不是失去自我 / 13

第二章
相信自己是最棒的——自信的男孩更能得到认可

男孩要懂得认识和提升自我 / 18

认可自己，就成功了一半 / 21

让自己的"长板"更长 / 24

努力成为自己心目中的"英雄" / 27

自信才是男子汉，但自负不是 / 30

第三章
永远不要丧失男子汉气概——勇敢的男孩更有出息

愈挫愈勇才是男子汉 / 34

不要轻易说"我不行" / 37

你的恐惧其实并不可怕 / 40

男子汉，敢于认错也是一种勇气 / 43

男子汉要勇敢，但不能鲁莽 / 46

第四章
快乐才能拥有好心情——乐观开朗的男孩更阳光

保持乐观，你的人生会变得更顺利 / 52

做阳光男孩，远离忧郁 / 55

微笑，也能感染周围的人 / 58

懂幽默的男孩更有吸引力 / 61

改变不了的事情，就坦然接受 / 64

第五章
想成为大丈夫，就要有大胸襟——宽容的男孩心态更好

男子汉，不能为小事斤斤计较 / 70

宽容待人，严格待己 / 73

以德报怨，是男孩的美德 / 76

宽容的男孩更受欢迎 / 79

宽恕他人也是善待自己 / 82

第六章

做善事让自己内心富足——善良的男孩更受欢迎

帮助他人是一种快乐 / 88

不要忽略身边的小善举 / 91

过分的善良就是没有原则 / 94

爱和善良，要用行动表示 / 97

有同情心的男孩最温暖 / 101

第七章

要做大男人，但不要"大男子主义"——谦逊的男孩更受人尊敬

拒绝骄傲：颗粒饱满的稻穗是低着头的 / 106

放低姿态，多向他人学习 / 109

男孩要听得进忠言和批评 / 112

谦逊要有度，不能否定自己 / 116

好男孩应该懂得谦让 / 119

第八章

踏着人生的台阶向上走——积极进取的男孩更出色

凡事多往好处想 / 124

永远比他人更努力一点 / 127

专注当下，才能更好地把握未来 / 130

挖掘潜能，让自己不断进步 / 133

不要满足当下的成绩 / 137

第九章
不要让犹豫左右自己的人生——坚决果断的男孩更能成大事

机会，只留给有准备的男孩 / 142

做决定之前，要学会正确判断事情 / 145

摆脱优柔寡断的不良性格 / 148

再好的设想，都不如一次果断的行动 / 151

危险面前，要当机立断 / 154

第十章
咬定青山，立根破岩——坚韧不拔的男孩更容易成功

理想有多远，你就能走多远 / 160

信念，不能轻易动摇 / 163

大丈夫不仅能伸，还要能屈 / 166

想成为强者，就要不断进步 / 170

遭遇逆境，要执着向前 / 174

有始有终，是成功的基本素质 / 177

第一章

性格影响男孩一生
——好性格拥有强大的正能量

影响男孩一生的除了物质财富、出身背景等,还有许多因素,但是决定男孩命运的是他的性格。好的性格可以给男孩带来好的人际关系和机遇。同理,不良的性格也很可能让男孩诸事不顺、命运坎坷。

性格决定男孩一生的财富

男孩的性格中透露着他处理事务的方式,也显示着他在人际关系交往中的优劣势。性格外向的男孩更容易与他人结识和交往,因此人脉关系相对要更加广泛;性格内向的男孩在交际上可能并不擅长,但是却可能非常善于处理需要细致和耐心的工作。

如果说拥有健康的体魄是一个男孩成功的外在条件,那么健全的性格就是一个男孩成功的内在条件。性格健全的男孩会拥有健康的心理,能够积极面对生活和学习上的困难。

☆ ☆ ☆

有一个男人从小性格懦弱,胆小怕事,不管做什么事情,都先想到失败,害怕失去现在拥有的东西,以至于他三十多岁还一事无成,浑浑噩噩地过日子。

男人有一个和他恰恰相反的朋友。他的朋友做事大胆,该往前冲的时候从来不会优柔寡断、瞻前顾后、犹豫不决。

有一天,朋友找到男人,对他说:"我最近想做一个新项目,你来和我一起做吗?"接着,朋友就把自己的具体想法告诉了男人。

男人最近正在为金钱烦恼,这个时候朋友说有挣钱的项目请他一起做,他是很高兴的,但听着听着,男人开始犹豫了。

"这个项目好像有点风险。"男人担忧地说。

"做什么事情能没有风险?我评估过了,只要我们胆大心细,这个项目肯定能成功。"朋友解释道。

男人还是不放心，就对朋友说他要考虑考虑。

朋友走后，男人开始想这件事。但他所想的都是：遇到困难怎么办？犯了错误怎么办？失败了又怎么办……每次，男人都会想到自己投资失败，流落街头的惨状。

最后，男人拒绝了朋友，继续浑浑噩噩地过着每一天，越来越落魄。

☆ ☆ ☆

故事中的男人从小胆小，做事情总是顾虑重重，即使到了而立之年，依然没有改掉自己性格上的缺陷，导致自己一事无成。即使有机会降临，他的性格也将导致他和机遇失之交臂。

作为男孩，要从小培养良好的性格，在成长的过程中不断完善自己的性格，这样才能使自己更加容易成功。

☆ ☆ ☆

有个男人前三十年过得十分坎坷，一开始他还对生活充满希望，积极乐观地度过每一天。但经历的失败和挫折越来越多后，男人开始怀疑自己，变得不再自信，性格也发生了巨大的变化，每天充满消极情绪。

有一天，男人遇到一位老者，老者一看就是成功人士，脸上带着自信的笑容。

男人就问老者："我怎么做才能像您一样拥有财富和自信呢？"

"嘿，小伙子，"老者笑着拍了拍他的肩膀，说："我像你这么大的时候，还不如你现在这个样子呢！"

"你现在起码吃得饱，穿得暖，我那个时候连饭都吃不起，还谈什么财富。"老者说。

"那您是怎么成就今天的一切的？"男人激动地问。

"我只做了一件事。"老者道。

"什么事？"

"我只是改变了一下自己的性格，让自己不再悲观厌世，让自己变得积极乐观，让自己相信明天会更好。"老者说。

☆☆☆

故事中的老者在改掉自己性格上的缺陷之后获得了很大的成功。诚然，一个悲观的人是无法积极面对生活中的困难的，更无从正确对待和处理遇到的问题，最后只能让自己的生活越来越糟糕。由此可以看出，性格对一个人的生活状态、财富乃至生命的影响是非常大的。

性格的培养应及早进行。青春期是男孩性格培养和变化的关键时期。作为男孩，应该多与外界接触，保持良好的人际关系交往。男孩可以发展一到两个好朋友、知己，可以将自己的情绪与人分享，在与人的交往中发现自己性格方面存在的问题，并及时纠正。自己的性格如何，其实周围的人最清楚。关于自己性格方面的问题，男孩要多听取身边人的意见，主动反省，找到自己性格上存在的问题，并不断完善，做一个性格健全的男孩。

性格好，身体也会很健康

一个人的身体健康状况，除了和体育锻炼、科学饮食等有关之外，还和一个人的性格有很大的关系。

从中医的角度来说，人的不同情绪会对身体有不同程度的损害，这就是所谓的"七伤"。"七伤"的具体内容是：大饱伤脾，大怒气逆伤肝，强力举重、久坐湿地伤肾，行寒饮冷伤肺，忧愁思虑伤心，风雨寒暑伤形，恐惧不节伤志。人的情绪除了和当时情景中的客观事物分不开之外，还和人的性格有密不可分的联系。而性格健全、为人大度和善的人在生活中则更加容易与人相处，不仅能够让别人觉得舒服，更能让自己身心舒服，也会减少疾病，保持身体健康。

☆☆☆

有一位销售员，每天早出晚归，不辞劳苦地见客户，签订单。虽然成绩越来越出色，但疯狂的工作环境让他的性格变得越来越差，对着客户不能发脾气，他就把坏脾气带到公司和家庭，经常因为一点小事就闹情绪、发脾气。

"你这样不行，如果工作太累就休息一段时间，免得身体出问题。"销售员的上司找到他，建议他注意身体健康。

销售员毫不在意地说："只是一些坏情绪，发泄出来就行了，不会影响我的身体的。"

"那你也要注意方式，不能对身边的同事和家人太恶劣啊。"上司说。

"好的，我会注意的。"上司的话对他还是有一些影响的，逐渐地，他把自己的情绪隐藏在内心，时间一长，却影响了他的性格，让他经常阴晴不定，虽然再没有不管不顾地发脾气，但很多同事还是孤立了他，这让他心情更加焦躁。

终于有一天，销售员病倒了，而且是一场大病。医生对他说："你憋在心里的负能量太多，使你的性格受到了一些不好的影响，这才导致身体出现了健康问题。有个好性格，身体才会健康。你现在除了治病外，还要改变一下性格，这样才能治标又治本。"

销售员十分不解，性格怎么和身体健康有这么大的关系呢？

☆☆☆

故事中的销售员长期将负能量憋在心里，导致自己的身体健康也受到很大影响。

在生活中我们不难发现：脾气暴躁的人经常肠胃不好；时常忧虑的人脸色很差，长满痘痘。情绪对人的心理健康影响尤为显著。抑郁症等心理疾病的高发人群也是性格内向、不善交际的人群，其中青少年为高发人群。因此，作为男孩，要注重自己的性格培养，防患于未然。

☆☆☆

院子里种了两棵树，两棵树都枝繁叶茂，生机勃勃，树上结满了果实，等待人们前来采摘和品尝。

有一天，主人发现两棵树突然生病了，叶子一片片飘落，果子也掉了不少，整个树干都像个无力的将要倒在地上的老人。如果不进行治疗，两棵树将枯萎死掉。

院子的主人找来了有经验的园丁为两棵树"治病"。其中一棵树热情地欢迎园丁的到来，树叶轻轻摇曳，不管园丁做什么它都十分配合，不一会儿就完成了第一次"治疗"，等待着病情好转。

园丁忍不住夸奖它："真是个好性格的乖孩子。"

等园丁给第二棵树看病时，第二棵树就没那么好的性格了，它一会儿摇晃树干不让园丁触碰它，一会儿又把树枝摇得吱吱作响，想要吓走园丁。

"我没有病，我只是累了，休息几天就会好的。你快走，不要在我身上涂抹奇怪的东西。"第二棵树说。

"这是能治你病的药，涂上就好了。"园丁耐心地解释。

"我没病，你快走，再不走，我就用树枝抽打你。"第二棵树真是坏脾气，园丁无奈地走了。

接连几天，第二棵树都不配合治疗，总是凶巴巴地吓唬园丁，园丁没办法为它治病。没多久，它就枯萎了。

而第一棵树对于园丁的治疗很感激，渐渐地又恢复了昔日的朝气和风采。

☆ ☆ ☆

这则故事里的树木其实就像生活中的人一样，性格暴躁或者充满负能量的人总是在不经意间就"拒绝"了来自外界的好意，也会让人对他的印象大打折扣，会对自己的事业、交际等都产生非常恶劣的负面影响。

作为男孩，要让自己阳光、开朗。性格开朗的男孩与外界接触会更加容易，这样也会扩大男孩的人脉关系。作为朋友，与一个性格阳光开朗的男孩相处也是一件很享受的事。作为男孩，要学会包容、大度。大度的男孩不容易被生活中的小事所困扰，可以避免性格狭隘、目光短浅等问题。作为男孩，要学会合理发泄情绪，不让情绪堆积在心里，以免积郁成疾。

不良性格会让男孩处处碰壁

毛佛鲁说过这样一句话："一个人失败的原因，在于本身性格的缺点，与环境无关。"

人作为社会动物，任何时候都不能避开与人的相处交往。而一个性格有缺陷的男孩如同一只充满长刺的刺猬，给他人或剑拔弩张，或阴险狡诈，或无从下手的感觉等，这将严重影响男孩的学习和生活。

☆☆☆

有个商人不管做什么生意都会失败，哪怕与人合作，最后都会被合伙人排挤。

他对此十分不解，当再一次被新的合伙人赶走时，商人大声质问："你为什么要这样对我，是我找你合作的，结果快要成功了，你却要赶走你的恩人吗？"

"恩人？你每天像对一条狗一样对我呼来喝去，就算有感激，也早就被你的坏性格磨没了。"

"我带你走上成功之路，只是吩咐你做一些事情，这有错吗？"

"没错，但你从来不会做人，也不会尊重人，你把自己摆得高高的，看不起别人，这样的你，有什么资格和我理论，快走吧，坏家伙。"

商人不甘心，又找到以前的一些合作伙伴和朋友，得到的答案都是：你的性格太坏了，和你合作真是一件痛苦的事情。

☆☆☆

故事中的商人一事无成，他的合伙人在对他的指责中都将矛头指向了商人的性格。趾高气扬、目中无人的性格导致其他人无法与他相处，最终选择与他不愉快地分手。试想如果一个人让他人感受到"无法相处"，那么还会有人愿意与他共事和生活吗？答案自然是否定的。

性格是一种魅力。一个性格良好的人会不自觉地吸引其他人向他靠近，因为与他相处是一件非常享受的事。反之，一个性格不健全的人会让他人感到"不舒服"，甚至会让人觉得他不会尊重他人，从而失去他人的兴趣和信任，进而直接关闭了进一步了解他和与他合作的大门。

☆ ☆ ☆

男孩优优从小就是"小霸王"，班上的同学几乎都被他捉弄或者欺负过。

这一天正在上体育课，体育老师说："今天我们进行'两人三足'比赛，大家可以自己找队友，5分钟后比赛开始。"

"太好了，来，我们一组吧。"

"好啊，我们先来练习一下。"

"来来，他们都开始练习了，咱们一组，也赶紧练习一下吧。"

同学们很快都找好了自己的队友伙伴，只有优优还是孤家寡人。

优优酷酷地来到一位同学面前，说："你和我一组，别拖我后腿啊。"

没想到那位同学却拒绝了他："不要，我已经找好队友了，才不和你一组呢。"

"谁稀罕和你一组，我还怕你害我输掉比赛呢！"优优说着，随手又点了一个同学的名，"你来和我组队，别偷懒，快练习。"

"谁要和你一组，切，我要找别人组队去。"那名同学也拒绝了他。

"你们……哼，有很多人要和我一组呢，你们就后悔去吧。"

优优狠狠地丢下这句话，就又去找新的队友了。

结果，比赛马上就要开始了，没有一个同学愿意和他组队，他又气又羞，丢下一句"我不比了"就跑走了。

☆☆☆

故事中的"小霸王"在体育课上连个愿意与他合作的同学都找不到，可想而知他平时的人缘多差，而人缘差的主要原因就在于他的不良性格。不良性格导致他与其他人的相处非常困难，因为他不懂得尊重他人，也不懂得照顾他人的情绪，更不懂得换位思考、替他人着想。这样的人在生活中寸步难行。

生活中这样的"小霸王"还不在少数，尤其是在家里被宠坏的"小皇帝"们，出了家门也依然不懂得收敛，甚至觉得全世界都应该让着自己，自己就是应该被照顾的对象。自私自利、缺乏独立精神、不懂得照顾他人的人在生活中怎么能受欢迎呢？

首先，作为男孩，一定要克服自己的"大男子主义"，不要认为自己在性别上具有绝对的优越感，要学会尊重女性，进而学会尊重他人。其次，要改掉自己"小霸王"的脾气。即使在家里被家长溺爱，也不能对同学、对朋友等如此趾高气扬，这样只会让自己的人生碰壁。最后，作为男孩，一定要具备反思能力，要学会接受批评，并学会反省自身，做到有则改之、无则加勉。及时发现自己性格中的不足，端正态度，调整心态，让自己的性格越来越完善。

每天改变一点，让自己的性格更好

俗话说，金无足赤，人无完人。每个人的性格都有不足之处，

第一章
性格影响男孩一生——好性格拥有强大的正能量

世界上不存在性格完美的人。但是作为男孩,要具有追求完美的精神。在这样的追求中,逐渐完善自己的性格。

改变性格非常困难,绝非一朝一夕之功。因此作为男孩,要学会将目光放得长远,并且能够不骄不躁,做到在一点一滴中取得进步,慢慢地让自己的性格变得更好。

人的进步都是在不经意中慢慢积累的,一天进步一点点,日积月累,足够的量变才能引起质变,改掉自己性格中的缺点也是如此。

☆ ☆ ☆

男孩阿德有些胆小,大家都叫他胆小鬼。

有一次,老师让他去教材室拿东西,里面有点黑,灯又坏掉了,阿德在门外站了半天都不敢进去,后来还是老师派来了另一名同学,和他一起进去才把教材拿了出来。

在经过一个柜子时,柜子上面突然有一只大飞蛾飞了起来,阿德吓得大叫一声,半天不敢动。

回到教室后,同学把这件事告诉了班里的其他人,大家哄堂大笑,连老师也无奈地说道:"身为一个男生,怎么胆子这么小!"

阿德也十分苦恼,又羞又恼,但他就是胆子小,怎么改也改不掉。

从那以后,班上的同学都知道他胆子小了,总拿一些毛虫飞蛾之类的东西来吓他。虽然很不喜欢大家的恶作剧,但阿德更讨厌的是自己这胆小的性格,他想改又不知道该怎么改。

节假日的一天,阿德在校外遇到了班长。

班长是一个性格很好、阳光帅气又学习很好的男生,深受同学们的喜爱。

男孩要有好性格

班长看到阿德，笑着和他打招呼，同他问好："这么巧，阿德同学也出来逛街啊。"

"班长好。"阿德遇到班长也很高兴。

两个人又说了几句话后，阿德大着胆子问班长："班长，你能告诉我，怎么做才能像你一样性格好，胆子大吗？"

"你觉得我性格好吗？"班长反问道。

"对啊，班长学习好，对人又温柔，胆子也大。"最后一项才是他最羡慕的。

"其实，我小的时候胆子也很小的。"班长道。

"啊？不会吧。"阿德十分吃惊。

"是真的，不过，后来我做出了一点改变。"

"能……能教教我是怎么改变的吗？"阿德急切地询问道。

班长笑道："其实也不难，我只是每天都尝试做出一点改变，直到现在，你说我性格好，其实我还有很多不满意的地方，还在尝试着每天改变一点点，日积月累，我相信我一定可以变得更好的。"

"每天只做出一点努力和改变吗？"阿德难以置信地问道。

"对啊，让你一下子就做出改变是不可能的，那就一点点做出改变，这样既容易又能达到想要改变的目标，何乐而不为呢？"班长说道。

"谢谢班长，我知道该怎么做了。"阿德开心地告别了班长，决定向班长学习，一点一点改变自己。

☆☆☆

故事中的阿德性格胆小，这是他非常大的缺点。他羡慕班长胆大，但是他没想到班长从前也是个胆小的人，而让班长后来改掉这个不良性格的方式就是每天改变一点点,慢慢地在时间的积累下将胆小的性格缺点全部改掉。

冰冻三尺,非一日之寒,一个人性格的养成也不是一时之功。因此,要改掉自己的不良性格也不能急于一时。作为男孩,如何在每天都能取得进步,将自己性格上的缺点慢慢改掉呢?这里有几点建议。

首先,要正确、客观地认识自己的性格。一个人只有了解自己的性格,才能找到自己的不足之处,进而才有可能改正。一个人了解自己性格的渠道有很多,可以从他人入手,比如父母、朋友、老师对自己性格的评价,然后找出不足之处,慢慢改正。同时也要加强自己的反思能力,及时发现自身性格的问题。

其次,要严格要求自己。针对自己性格上的问题,一定要严格要求自己,坚决改掉。例如自己性格暴躁,那就强迫自己在发怒之前想想自己发怒的原因,再想想有没有必要发怒,这样可以有效控制自己的情绪。对自己的要求一定要严格执行,不能"手软"。如果自我监督能力差,就请父母、朋友来监督,保证自己每天都有所进步。如此一来,才能慢慢改正自己性格中存在的问题,做一个性格健全的男孩。

改变性格,不是失去自我

每个人的性格,一半由基因决定,一半受后天影响。一个人的性格一旦养成,将很难改变。但是每个人的性格中又不可避免地存在一定的问题。这些问题或多或少地都对一个人的性格造成了负面影响。为了自己的成长和发展,男孩要尽力将自己性格中存在的问题改正,让自己更加优秀、更加成功。

我们要做的是"修正"性格,而不是"重塑"性格,因此,改变性格绝不是失去自我,而是完善自我、提高自我,让自己的性格更加健全,也让自己的发展更加顺利。

☆☆☆

有个男人为了使自己变得更好,想要改变自己的性格,想让自己变成一个风度翩翩、温文尔雅的人。

为此,男人做出了很多努力,他舍弃了自己喜爱的摇滚音乐,就为了使自己看起来更加平和可亲;他不再画自己喜欢的油画,就为了让自己保持干净整洁;他还寻找了一些温文尔雅的"偶像",改变了很多自己已经习惯的生活习性,就为了能成为一个更加优秀的人。

经过一段时间的努力后,男人确实收获了很多赞美和倾慕,但一些了解男人的朋友却失落地对他说:"哦,朋友,这还是你吗?我觉得你现在活得像个假人,模范、规矩,但却失去了你自己。"

男人很诧异,他问道:"难道现在的我不受欢迎吗?不优秀吗?"

"是的,你很优秀,"朋友回答道:"但是这样的你,不再是你自己了。"

"这是什么意思?我变得更好了,难道这不是值得高兴的事情吗?"

"可你失去了自我,你真的因为你的改变而感到高兴吗?你不能再玩摇滚了,不能再画油画了,这些是你以前多么热爱的事情,

第一章
性格影响男孩一生——好性格拥有强大的正能量

这样的你，真的还是你吗？"

男人听了朋友的话陷入了沉思，这样的改变，确实让他更受欢迎，但他也确实失去了很多人生的乐趣。

☆ ☆ ☆

故事中的男人为了变成一个更加优秀的人，对自己进行了非常大的改变：放弃了自己的爱好，将自己变成了一个根本不像自己的人。朋友们都说他变得更加优秀了，但是却给人一种不真实的感觉。他为了改变性格，失去了真实的自我，这样就得不偿失了。

性格如同一个人的标签，每个人都有自己的不同之处，这便是性格的魅力，也是最真实的自我。如果为了追求统一的"优秀"而失去了独一无二的自我，那便失去了人生的意义。

☆ ☆ ☆

男孩豆豆很想变得和他同桌一样出色，于是开始模仿同桌的性格、习惯，同桌笑的时候他也笑，同桌不高兴了，他也学着同桌的样子皱眉头。

时间一长，同桌发现了他的小动作，就问他："豆豆你怎么总学我啊？"

"因为我想变得和你一样出色啊。"豆豆理所当然地回答道。

"想变得出色有很多方法啊，为什么一定要学我呢，这样就算你变得出色了，也只是变成了第二个我，并不是你自己了啊。"

同桌的话让豆豆很困惑，他问道："是这样吗？我想变得出色，但我不想成为二号你啊。"

"所以你不能什么都模仿我，性格有相似的，但人并不是相同的，你可以改变自己的性格，让自己越来越出色，但不能失去自我，变成另外一个人。"

"原来是这样啊，谢谢你，我知道该怎么做了。"豆豆高兴地回答道。

从那以后，他不再处处模仿同桌，而是找到了一套适合自己的性格"修炼法"。

☆ ☆ ☆

故事中的男孩豆豆将自己的同桌视为"偶像"而尽力模仿，为了追求做到像同桌一样优秀，他模仿着同桌的一切行为，这样的做法无异于在"复制"别人，这当然是不可取的。每个人都是不同的，且不说同桌的优秀靠这样的方式无法"复制"，而且在"复制"他人的同时也会失去自我，失去自己的优点、特点，失去自己生命的意义。

作为男孩，一方面要肯定自身的价值，学会肯定自己、欣赏自己，保留自己最真实、最纯洁、最优秀的一面；另一方面要在此基础上找到自己的不足之处，然后在不改变自我的基础上进行修正，让自己的性格变得更加完善。当然，男孩在完善性格的过程中要多听取他人的意见，尽力做到从善如流，不能一味坚持自我而太过固执。如果自己的性格存在非常大的问题，那么男孩不要一味追求自我而枉顾自己存在的问题。

第二章

相信自己是最棒的
——自信的男孩更能得到认可

自信是男孩由内而外散发出的魅力,这种魅力拥有绚丽夺目的光辉,也拥有吸引他人不由自主赞赏和靠近的魔力。自信是一个男孩的得力助手,可以帮助男孩在面临人生路上的困难时毅然向前,可以让男孩成为更好的自己。

男孩要懂得认识和提升自我

每个人对自己，其实都既熟悉又陌生，很难客观、准确地认识自己。当然，提升自我更是一种能力，但并非所有人都能够做到。

在没有充分认识自我的前提下，大多数努力其实都是比较盲目的。因为只有认识自我，才能发现自身的优势与不足，有针对性地做出努力。提升自我是在充分认识自我的基础之上继续努力的结果。

作为男孩，必须学会认识自我、提升自我，这样才能有所进步。

☆☆☆

一个男人向朋友倾诉自己的不幸，他说："我是个失败的人，做什么都不成功，不知道我的未来在哪里。"

朋友问："嗨，朋友，到底是什么让你这么不自信，失去自我的呢？"

男人难过地说道："我今天去推销我的产品，但对方竟然说，听了我的介绍之后，他丝毫没有购买的欲望，我和他理论，他竟然说我不知道自己是一个什么样的人。我怎么会不知道自己是什么样的人呢，真是可笑！"

朋友又问："那你是一个什么样的人呢？"

"我？我当然是一个渴望获得成功，努力生活的人啊。"

"可是你现在却经历了失败，还失去了对生活的追求，不是吗？你确实不认识你自己，我的朋友。"朋友告诉他。

男人不敢相信这个事实，"这怎么可能。"

第二章
相信自己是最棒的——自信的男孩更能得到认可

"但这就是事实，"朋友说道，"你推销产品的时候，也是推销自己的时候，这个时候，你就要全面地认识自己，用自己的魅力去吸引对方，让对方购买你的产品，如果你无法做到认识自己，自然就不知道自己的魅力点在哪里，又如何去吸引你的顾客，让他们来买你的产品呢？"

男人竟无言以对。

最后，朋友说："所以，先从认识自己做起吧，努力认识自己，提升自己。"

☆☆☆

故事中的推销员在推销中碰了壁，因为他是一个不了解自己的人，在推销中无法充分展示个人魅力，自然也就无法赢得客户的信任。

选择工作时，必须在充分了解的前提下，根据自己的兴趣、爱好、特长等条件进行选择。学习也是如此，只有了解自己，才能选择适合自己的学习方式；只有方法正确，才有机会提升自我。因此，作为男孩，必须从小培养认识自我的能力。

☆☆☆

小林在一个企业做职员，他工作很认真，很得老板的赏识，每个月都能拿到一笔丰厚的奖金。

在他人眼中，这样的小林是十分优异且稳定的，但小林却不满足于现状，他有强烈的进取心，想要在人生的道路上更进一步。

小林很了解自己，他能吃苦，也敢于冒险。

有一次，老板宣布了一个决定：他将要在另一座城市开创分公司，但是缺少一名管理人员。

小林一听，就觉得这是个机会，他决定抛下现在这个稳定的职位，申请去前途不明的新城市打拼。

这个决定遭到了小林亲朋好友的一致反对，但小林依旧坚持，他找到老板说："老板，请把这个机会给我，我知道自己想要的是什么，而我现在所欠缺的，正是一次这样提升自我的机会，我会努力做好自己，提升自己，为公司创造辉煌的。"

老板被他这番真诚的话所打动，当场决定让他担任分公司总经理一职。

☆ ☆ ☆

故事中的小林是个勇敢的人，在机会面前他勇敢果断地做出选择，但是他的选择并不莽撞，而是在充分了解自己的能力、想法的前提之下做出的。

认识自我的过程，本身就是一个学习的过程。在这个过程中，男孩找到自己的优势，发现自己的不足，在学习和改正的过程中逐渐提升自己。与此同时，男孩也能更加充分地发掘自己的潜能，发现更多未知的自己，让生活充满更多可能。

作为男孩，首先，要敢于面对真实的自己，尤其是敢于面对自己的缺点。很多人无法改掉自己的缺点，并非意志力不够坚定，而是不敢面对真实的自己，没有勇气做出改变。因此，要想充分认识自己、提升自己，就必须敢于面对自己的缺点。其次，要了解他人眼中的自己。最了解自己的除了镜子，还有他人的眼睛。男孩要了解身边人眼睛里的自己，这样才能更加客观、全面地了解不同的自己。所以，试着听取不同人的意见，看看不同的人眼中的自己是怎样的，然后再对自己进行更加理性、客观的评价，进而选择需要改进和提升的地方，让自己变得更加自信、更加优秀。

认可自己，就成功了一半

一个男孩如何让他人认可自己呢？首先，必须做到自己认可自己。

认可自己，是一种态度，是对自己足够自信的态度。有了自信，做事情才能精神十足，以非常良好的状态投入进去。

作为男孩，必须要有足够的自信，这样才能勇敢前进。

每个人都希望得到认可，被认可也是一件令人非常愉快的事情。但是如果过分夸大被认可的意义，使之变成一种需求，甚至渴望，就会导致人失去自信，做事畏畏缩缩，过分在意他人的目光，进而有可能会失去自我，这样对自己的发展非常不利。

☆ ☆ ☆

有一个青年对一位姑娘一见钟情，但他觉得自己现在一无所有，如果向姑娘表白，姑娘肯定会拒绝他。于是青年只得远离姑娘，出外闯荡。

第一年，青年靠自己的努力，终于找到了一份体面的工作，但青年依旧不敢对心爱的姑娘表白，觉得那时的他依旧配不上那位姑娘，他要更加努力，让自己变得更好，再去找心爱的姑娘。

第二年，青年因为工作努力而升职了，但青年还是不满意那时的自己，觉得自己还不够好，他要用更好的自己去面对姑娘，于是青年又没有去找姑娘，而是继续在职场打拼。

第三年、第四年、第五年，就这样，一年又一年过去了，青年都不认可自己，始终不敢去找心爱的姑娘。

☆ ☆ ☆

故事中的男孩因为不自信，始终不敢追求自己的幸福，如此下去，最终只能错失一切。他如果在人生中始终都是这样不认可自己，最终失去的便不仅仅是自己心中的姑娘，而是无数的机会。

有的人无法认可自己的想法，觉得自己还不够成熟，或者他人的意见会更好，因此变得人云亦云，逐渐失去主见。有的人面对自己喜欢的事情没有勇气去做，认为自己肯定做不好，反而容易被人笑话，最后不了了之，连尝试都没有便选择了放弃，这样当然会一事无成。

☆ ☆ ☆

男孩小宇想学画画，美术老师知道后，就让他先跟着一起学一段时间。

小宇认真地准备了画画需要的工具，第二天就找到了美术老师开始学习。结果，小宇只坚持了两天就放弃了，他对老师说："画画太难了，我肯定学不会，我还是去找个简单的爱好培养吧。"

之后，小宇想着不如学吹笛子，因为他认为笛子只要放在嘴边一吹就能响。

小宇就跑去找音乐老师，老师答应教他吹笛子。

第二天，小宇拿着新买的笛子找到音乐老师，开始两天学得挺认真，没过几天就又放弃了。

"吹笛子也很难，我觉得我肯定学不会，还是改学其他的吧。"他这样对音乐老师说。

音乐老师没办法，只好同意了。

"我去学踢足球吧，只要跑一跑，把球踢走就行了。"小宇自认为找到了简单的爱好，于是兴高采烈地去学踢足球了。

结果这次坚持的时间更短，只踢了半天的球，他就不学了。

"踢球太难了，我肯定坚持不下来，还是找其他简单的爱好来培养吧。"

就这样，小宇一直不认可自己的能力，一直在寻找着简单的爱好，也一直什么都没学会。

☆ ☆ ☆

故事中的男孩小宇虽然想学这个想学那个，但是不管学什么，他都认为"太难了"，觉得"自己肯定学不会"，因此做什么都半途而废，还没有好好体验就选择了放弃。最后兜兜转转，小宇都没能找到所谓的"简单的爱好"。

要相信世界上没有任何事情轻而易举就能办到，我们需要的除了努力外，还有追逐梦想的勇气。勇气就是相信自己一定可以的魄力，是一种认可自己的态度。因此，作为男孩，不管在何种境遇里都要相信自己，认可自己的能力。作为男孩，首先，要发现自己的闪光点，找到自己的优势，这样能够增加自信，让自己更加认可自己。其次，要敢于表达。表达自己的意见，尤其在公众场合，既能锻炼胆识和勇气，又能验证自己的想法是否能够得到认可。值得注意的是，认可自己不是盲目自信甚至自大，一定要在充分了解现实状况的基础上做出相对客观和准确的判断，这也是一个人自信的来源和基础。自信不是盲目自大，也不是不切实际的幻想，而是根据现实和自己的实际情况，尽自己所能做出判断。所以，认可自己，既不能缩手缩脚，也不能盲目自大，而是在健康、积极的心态中尽力做到最好。

让自己的"长板"更长

一只木桶能够盛多少水由组成木桶的木板中最短的那一块决定,而非最长的那一块,这是众所周知的木桶原理。因此大多数人都在尽力弥补自己的短板。这样的做法的确有道理,但不得不说如此做法最终取得的成就会受到限制。

造成短板的原因有很多种:对某一方面没有兴趣,因此始终无法集中精力好好学习;没有"天赋",无论怎样努力都无法弥补自己的短板,最终往往费尽力气却并没有得到明显的提高,既浪费了时间,又没有得到理想的效果,"赔了夫人又折兵"。

大多数时候,对于一个人的考量是以其综合素质而非简单的某一项为依据的。因此,单纯地弥补短板或许并不能让自己脱颖而出。其实在木桶原理中,很多人都忽略了长板。诚然,最长的木板或许没有办法为木桶带来更多的容量,但是对于一个人来说,增加自己的优势却能为自己带来更多的机会和成功。

☆ ☆ ☆

一个年轻人创业失败了,他落魄地走在大街上,肚子饿得咕咕叫,身上连一分钱都没有。

年轻人觉得自己的人生真失败,失魂落魄地倒在一个角落里,等着自己饿死渴死。

"嘿,小伙子,来喝点水吧。"旁边一个拾荒者看到他,递给他一个脏兮兮的碗,碗里只有小半碗的清水。

"毫无长处的我不配喝水,还是让我自生自灭吧。"年轻人摇摇头。

"为什么这么说呢?"拾荒者坐到了他身边。

年轻人苦笑道:"我大学毕业后就自己创业,成功过,最终却落魄成这样,不是没用的人又是什么?"

"和我比起来,你可强多了,你比我年轻,还比我有文化,又比我有脑子,怎么会是毫无长处呢?我就没有能力和脑筋去想创业的事情,但你做到了啊!只要你还年轻、敢干,就不怕成功不了。"

拾荒者的话让年轻人茅塞顿开,对啊,我还年轻,又敢想敢做,这些都是我的长处啊,只要利用这些长处,还愁创业不成功吗!

"谢谢,我知道该怎么做了。"年轻人站起来,充满力量地大步朝前迈去。

☆ ☆ ☆

故事中的年轻人因为一时的失败而看不到自己的优势,觉得一无是处的自己连口水都不配喝。但其实正如那个拾荒者所言,他还有敢想敢做的优势,而一时的失败终将会成为过去,只要善于增加自己的优势,让自己的"长板"更长,迟早会有成功的一天。

每个人都有自己的"长板",每种性格也都有自己的优势。我们要做的就是发掘自己性格中的优势,然后将其放大,让自己的"长板"更长。

☆ ☆ ☆

小孙会做很好吃的面,于是他开了一家面馆。

有一天,店里来了一位客人,客人说:"你的店里除了面还有其他吃的吗?"

小孙说:"对不起,我只会做面。"

"你为什么不尝试做些其他的吃食呢?比如包子、饺子,这些也都是面食，都不难做啊。"客人提议。

小孙还是坚持道："我只会做面。"

"你这个人太刻板了，你多做几样吃食，扩宽了业务，光顾的客人不是也会变得多起来吗？"客人继续劝他。

小孙摇摇头，说："不，做面是我的'长板'，来我这里的人都知道我这里的面很好吃，我要做的只是努力把面做得更好吃，让我的'长板'变得更长，这样我就会有大量的客源，为什么还要分心去研究其他我不擅长的吃食呢？"

客人哑口无言，匆匆告别了。

☆☆☆

故事中的小孙是个非常专一而且执着的人，他只专注于自己擅长的事情，并将自己的长处放到最大，这样才能更加集中精力做一件事，也更加容易取得成功。

作为男孩，首先，要善于发现自己的长处。这不能仅凭兴趣或者一时兴起，而是对自己的性格特点进行分析之后，结合自己的生活实际发现自己的"长板"，然后重点培养这块"长板"。其次，男孩要做出努力，重点加长自己的"长板"。一旦发现自己的优势，就要努力加以培养。例如思维非常敏捷的男孩，可以做一些专门针对思维训练的练习，并经常尝试从不同的角度和用不同的方法练习，让自己的思维更加灵活。在锻炼自己的"长板"时，也要注重举一反三，延伸和扩展能力的范围，让自己能够触类旁通，让自己的"长板"能够发挥最大的价值。

"长板"是男孩竞争的主要优势，一定要善于发掘和培养，让自己的"长板"更长，让自己能够更加轻松地获得成功。

努力成为自己心目中的"英雄"

每个男孩都有自己崇拜的英雄，他或许是拯救世界的超人，或许是快意恩仇的武侠主角，又或许是整天为家庭奋斗的父母、生活中偶尔碰到的见义勇为的普通人……每个人都有自己心目中的英雄，这个英雄就像一座灯塔，指引着自己向着理想的方向前进。"英雄"也是一种力量，让自己在缺乏动力的时候能够鼓足勇气，坚持不懈。

☆ ☆ ☆

男孩阿宏的学校要举办一次话剧表演，阿宏被选为这出话剧的男主角，一个英雄的角色。

阿宏很高兴，一连几天精神都处于高度兴奋的状态，因为这个英雄的角色正是他心目中的"英雄"，他要亲自饰演心中的"英雄"了，阿宏真的很难平静下来。

因为这件事，阿宏好几天都失眠了，等到真正排练的时候，他才发现，他无法熟练地把自己的台词记忆下来。

这可怎么办？

因为他，话剧无法继续排练下去，阿宏对此十分愧疚，也逐渐失去了自信。"老师，我是不是无法成为'英雄'了？"

"你要相信自己能成为心目中的'英雄'。"老师安慰他道，"离正式演出还有几天，你再适应一两天，如果还背不下台词，我们再想其他方法。"

"好的，谢谢老师！"阿宏告别了老师，更加用功地去记台词了，但是由于过于紧张他继续失眠着，他已经好几天没有好好睡过觉了，这种情况下，根本没办法集中精神去记台词。

最后，老师只好让他和另一名同学换了下角色，阿宏失落极了。

"别难过，阿宏。"老师说道，"其实这个角色也一样出色，你看，在话剧中，他一直默默在幕后守护着大家，这才是大家心目中的大英雄，你觉得呢？"

"这次，我一定会做好的，老师。"阿宏听了老师的话后，信誓旦旦地说，"虽然这次我不能成为话剧中的大英雄，但我相信自己，在未来一定能成长为自己心目中的'真英雄'，不会再出现背不出台词的情况了。"

"这样就对了，你要时刻相信自己，做自己的大英雄。"老师笑道。

☆ ☆ ☆

故事中的男孩十分崇拜自己心目中的"英雄"，并且在话剧表演中如愿以偿地获得了扮演自己心目中的"英雄"的机会。但是由于紧张，他无法入睡、记不住台词，最后失去了这个机会。不过尽管他失去了这个角色，但是他依然没有失去对英雄的崇拜，在生活中也继续向英雄学习。

英雄之所以有如此大的魅力，就在于他身上独有的气质与精神。或勤奋，或努力，或伟大，总之他们都取得了不同于普通人的成就。这种成就带来的光环让男孩羡慕和崇拜，而这种精神，则更应该成为男孩学习的对象，激励其成为这样的人。

☆ ☆ ☆

默默是个说话有点口吃的孩子，尤其在公众场合，他的口吃会更加严重，因此上学的时候同学们都在嘲笑他。这让他感到非常苦恼。

第二章
相信自己是最棒的——自信的男孩更能得到认可

新学期开学,升入初中的默默又要面临一件非常痛苦的事:自我介绍。

"我,我,我叫……"默默一句话还没说完,底下就哄堂大笑起来。他又气又难过,更加说不出话了。这时候班主任打断了大家的笑声,给他们讲了一个故事。

"从前有个孩子他非常想做演说家,但是他天生口吃十分严重,说话又气短,还喜欢耸肩,因此别人都嘲笑他是白日做梦。这个孩子不甘心,他每天含着石子在大海边练习说话;一边攀登高山,一边吟诵诗文,甚至悬挂着两把剑来改掉自己耸肩的毛病。就在这样的努力之下,他终于成了著名的演说家、雄辩家。他就是古希腊著名的演说家德摩斯梯尼。"

班主任的话让默默备受鼓舞,而这位德摩斯梯尼就成了他心目中的英雄,默默从此决心好好练习,一定要改掉自己口吃的毛病。

☆ ☆ ☆

故事中默默的境况和德摩斯梯尼非常相像,因此默默将成功的德摩斯梯尼作为英雄,向他学习。在这样的激励下,相信他一定能够改掉口吃的毛病。

作为男孩,首先,一定要找到自己心目中真正的"英雄"。不论是因为他所取得的成就还是他的个人魅力,只要自己觉得很励志、很有现实意义,并且自己想成为他那样的人,就可以将其作为自己的英雄。其次,要学习"英雄"的精神和获得成功的方法,而不是盲目崇拜。要在英雄的成功经历中找到对自己最有意义的方法,这才对自己的成长有借鉴意义。

与其临渊羡鱼,不如退而结网。与其崇拜自己的英雄,不如自己努力，做自己的英雄。

自信才是男子汉，但自负不是

自信是一种"神奇"的力量，这种力量可以帮助人更加积极地面对一切问题。但是任何事情都要有限度，自信也是如此。一旦自信过了头便成了自负。男子汉一定要是自信的，但绝不是自负的。

自负的人往往过度相信自己的能力，对现实情况有着过于乐观的判断，但是往往事与愿违。自负的人更容易忽略他人，容易变得目中无人，很难与别人相处，这会给他的人际交往带来很大的困难。同时，自负的人常常不具备充足的风险意识，对现实过于乐观的判断会导致结果误差非常大。尤其是男孩，如果变得自负，会滋生大男子主义，这非常不利于今后的成长。

☆ ☆ ☆

一只乌鸦在一座漂亮的宫殿遇到了一只金丝雀。

金丝雀的生活十分奢华，每天住在金色的笼子里，有专门伺候它的仆人为它准备好食物和各种奢侈的黄金用具。金丝雀的生活无忧无虑，十分幸福。

乌鸦很羡慕金丝雀，它认为自己一点也不比金丝雀差，就质问它："你为什么能得到宫殿主人的宠爱？我比你强多了，只是这里的主人不认识我，如果认识了我，肯定会把你扔掉而选择我的。"

金丝雀说："主人十分喜欢我的美貌和动听的歌声，我每天为主人唱歌，也因此获得了主人的宠爱和赏赐。"

"我也会唱歌，把你的主人叫过来，咱们来比一比歌声，他就

第二章
相信自己是最棒的——自信的男孩更能得到认可

会知道该选谁了。"乌鸦拍打着黑秃秃的翅膀喊道。

"好吧。"金丝雀用清脆的歌声叫来了主人,刚要说和乌鸦比唱歌的事情,主人就大声嚷道:"哦,天呐!这是哪里来的丑陋的鸟,来人,快把这只丑鸟赶走。"

"不,我很漂亮,我还会唱动听的歌儿。"乌鸦大叫道。

"哦,好难听的声音,快点把它赶走,不要让我宝贵的金丝雀受到打扰。"主人听到乌鸦的声音后更是气得跳脚。

乌鸦就这样被赶出了宫殿,但它不认为是自己的错,它觉得肯定是金丝雀耍了小手段才让它的主人把自己赶跑的。

☆ ☆ ☆

这则寓言故事中自负的乌鸦和金丝雀比声音的动听,这在我们看来显然是个笑话,而不自知的乌鸦却能够大言不惭地说自己的歌声美妙。显然,它对自己的实力没有正确的判断,而是盲目自信,最后将自己变成了一个笑话。

乌鸦是这样,人亦是如此。如果对自己的实力不能有正确的判断和估计,而是盲目自信,就会将自己变成一个笑话。

☆ ☆ ☆

有一个人十分自负,当其他人与他的意见不同时,他总会表现出一副自以为是的态度指责对方。

他这样的态度令周围的人都觉得难堪,不愿意再听他的意见。

"嘿,我才不需要他们的意见,那些都是一些愚蠢的建议,我是一个充满自信的人,我只要相信我自己就行了。"这个人总是这样想。

但是他不知道,过度的自信让他表现得越来越自负。

有一次,因为一个学术问题,他和一位朋友争吵了起来,不管朋友怎么讲解，他都不承认自己的错误。

"你的观点才是错误的，我是不会犯错的。"他说道。

"你这样的态度太愚蠢了，我会证明这一次确实是你的观点错误了。"朋友说完就走了。

几天之后，朋友用事实证明他的观点确实出错了，看着这样的结果，这个人满脸尴尬，灰溜溜地离开了。

☆☆☆

故事中的人就是一个自负者的典型代表，他在任何时候都坚信自己的意见是对的，不分场合、不分方式地直接表达自己的观点，导致他人非常难堪。在生活中大多数自负的人都有这样的问题，喜欢指责他人。古语有云："己所不欲，勿施于人"，没有人愿意他人用趾高气扬和指责的态度来对自己说话，因此在与他人交流的过程中要注重他人的感受，尊重他人。

作为男孩，在生活中既要保持自信，又要杜绝自己的自负之心。男孩要学会谦虚，在任何时候都要注意不能流露出骄傲自满、自负轻狂的样子。男孩要懂得人外有人的道理，懂得学无止境，永远都是只有更好，没有最好。男孩要学会正确表达自己的观点，要注意自己的语气措辞和表达方式，不能让他人感觉自己是个自负、目中无人的人，这样会使他人对自己的印象大打折扣。因此，男孩在与人交流时要注重礼貌，对人温和、谦逊。

自信让男孩更有魅力，但是自负绝不是男子汉的气概。因此作为男孩，切忌自负，要用更加积极、阳光的态度面对生活。

第三章

永远不要丧失男子汉气概
——勇敢的男孩更有出息

男子汉最大的特征是什么?

是勇敢!

男孩身上最值得他人敬佩的精神是勇敢,一个勇敢的男孩,不会轻易被生活中的困难打倒;一个勇敢的男孩在困难面前不会轻言放弃;一个勇敢的男孩更是敢作敢当,有智慧、有力量!

愈挫愈勇才是男子汉

生活永远都不是一帆风顺的，每个人都会遇到各种各样的困难。生活中遇到困难并不可怕，可怕的是在一次次战胜困难的过程中让人丧失了生活的勇气，丧失了继续和困难斗争的勇气，这样才会真正毁灭一个人生活的热情，让他从此变得颓废和消沉。

鲁迅先生曾说："真的勇士，敢于直面惨淡的人生，敢于正视淋漓的鲜血。"一个真正的男子汉，必不会在困难面前轻易低头，而是在一次次战胜困难的过程中愈挫愈勇，屡败屡战，永不屈服。

☆☆☆

一个年轻人觉得自己的生活陷入了黑暗，满意的工作一直都没找到，独自一人漂泊在陌生的城市，还要应付房租和一日三餐。种种压力，让他对生活充满了挫败感。

"别难过，朋友，失败是成功之母，不停的失败中，我们积累了更多的经验和教训，这是十分宝贵的东西，站起来，勇敢地往前走，总会渡过难关的。"他的朋友也同样经历着这一切，但朋友和他相反，对生活充满了希望和勇气，每天都神采奕奕地出门，再累也会笑着回住的地方。

年轻人十分羡慕他的朋友，但他又做不到像朋友那样面对失败愈挫愈勇，终于有一天，年轻人决定放弃拼搏回家乡去了。

他的朋友来送他，忍不住挽留道："留下吧，这点挫折算什么，勇敢地坚持下去，总会有成就的。"

第三章
永远不要丧失男子汉气概——勇敢的男孩更有出息

"我放弃了,我的勇气都用尽了,希望你能坚持下去。"年轻人还是走了。

而他的朋友却坚持着,面对困难愈挫愈勇,终于在十年后成为一名成功的企业家,衣锦还乡。

☆ ☆ ☆

故事中的两个年轻人在困难面前采取了截然不同的做法,一个人整天灰心丧气,感到生无可恋,颓废消沉;而另一个人却在困难面前愈挫愈勇,每天都能以饱满的精神来生活,终于成为一名成功的企业家。由此可以看出,在困难面前一个人的态度决定了他的人生高度。

在困境中愈挫愈勇是一种勇气,需要坚定、顽强的意志。愈挫愈勇也是一种能力,需要有良好的应变能力。作为男孩,必须具有顽强的意志和良好的应变能力才能做到愈挫愈勇。

☆ ☆ ☆

王聪想要学开车,但他既没有开车的常识,也没有会开车的朋友,又没有钱请教练,只有一辆邻居不要的破汽车供他学习。

王聪坐在汽车里,他甚至连窗户怎么打开都不知道,半天才摸索着找到了开窗户的方法,他高兴坏了,在车里兴奋地大叫了起来。

没多久,王聪发现,这只是一个开始,他眼前的困难还有很多,汽车的仪表太多,他根本不知道都是什么意思,他只好一个一个试,了解了这些仪表和汽车零件的作用后,他开始正式发动汽车,想要把车开起来。

事实证明,他想得太过简单,他发动了十多次汽车,都没让汽车开起来，这让他十分难过。但他并没有放弃，失败了就再次尝试，再失败就再尝试，一遍又一遍，他用了半天的时间，才把汽车起动起来。

王聪激动地踩下油门，整个汽车却猛地往前一窜，撞在了一棵大树上，他的头被撞得嗡嗡响，想再一次起动汽车，却怎么也起动不起来。

"我是不会放弃的，但这次，我要更加谨慎和小心一点。"王聪说着，慢慢地起动了汽车，一点点踩上油门，掌控方向盘，终于顺利地让汽车按照自己的意愿移动了起来。

那一刻，王聪高兴坏了。

☆☆☆

故事中的王聪在学车的过程中遇到了困难，但是他并没有轻易放弃，而是一次次在困难中愈挫愈勇，最终在慢慢地摸索中逐渐掌握了技巧。生活中的很多事情在一开始并非如人所愿般一帆风顺，我们必须要有足够的勇气和毅力才能应对这一切。

作为男孩，在困难面前愈挫愈勇是获得成功人生的保障，这就需要男孩首先要有一个平和的心态，能够认识到困境只是暂时的，只要努力想办法，人生就没有解决不了的困难。其次，解决问题要讲究方法，不能凭借蛮力，更不能坐享其成，等待他人为自己负重前行。解决困难的方式有很多种，一定要积极寻找，而不是轻易言弃。最后，在困难面前，男孩一定要学会调节自己的心态，学会发泄自己的情绪，保持心态平衡，这样才能在面对困难时冷静思考，理智分析，慢慢走出困境，让自己越来越强大。

作为男孩，要将困难作为进步的阶梯，在一次次与困难做斗争的过程中修炼强大的自己,这样才能成为真正的男子汉。

不要轻易说"我不行"

一个人在困难面前的态度将决定他与困难进行斗争的结果。在困难面前,男孩绝不能轻易说"我不行"。

"我不行"三个字透露着一种不自信,是在困难面前对自己的否定。它给自己一种心理暗示,传递一种不能成功的想法,助长了困难的气焰,增加了自己不成功的概率。

爱迪生曾说:"无论什么时候,不管遇到什么情况,我绝不允许自己有一点点灰心丧气。"正是在这种精神的指引下,他一生成绩斐然。作为男孩,更需要这种永不放弃的精神指引自己在人生路上奋力前行。

☆☆☆

有一个小男孩,在一次车祸中失去了左臂,但他一直喜欢柔道。

"我是不是不能学习柔道了?"他苦恼着。

之前一直教他的柔道大师知道了他的想法后,主动对他说:"你能行的,继续跟我学习柔道,你会是最棒的柔道大师。"

"我真的能行吗?我没有勇气面对失败。"男孩难过地哭了起来。

"当然能行,你还没试过,怎么知道行不行,不要轻易说'我不行',那样只会让你失去努力的勇气。"

"好的大师,我决定继续跟您学柔道。"男孩被柔道大师说服了,他重拾自信和勇气,开始了独臂学柔道的道路。

男孩学得很好,但柔道大师几个月来只教了他一招,他已经练得很熟练了，男孩找到柔道大师，问他："我是不是应该再学学其他招数？这一招我已经学得很好了。"

柔道大师说："还不够，你还要继续练习这一招，因为你只需要学会这一招就足够了。"

"只学这一招吗？我不行的，只这一招，我怎么打败对手呢？"男孩说道。

"你以后会明白的，现在去练习吧。"柔道大师说，"记住，永远不要对自己说'我不行'，老师相信，你能行。"

"嗯，我能行。"再一次被激励了一番，男孩按照柔道大师的指导一日复一日地练习起来，每天只练这一招。

直到两年后，柔道大师才说："下周和我一起去参加比赛。"

男孩有些胆怯，他害怕自己只用这一招会输得很惨，但想到柔道大师说的不要说"我不行"，他又把不安压到了心底，跟着柔道大师一起去参加比赛了。

第一场比赛，男孩因为紧张和对手缠斗了很久才赢了比赛，他对柔道大师说："我真害怕自己会输。"

"不，你会赢的。"柔道大师信心满满地说。

男孩见柔道大师这么相信自己，也在心里对自己不停地说"我能行，我能行"。

第二场比赛，男孩很轻松就打赢了对手，一招制敌。

第三场比赛，男孩依旧是一招制敌。

第四场……

第五场……

一共打了十场比赛，男孩都获得了胜利，而且都是一招制敌。

第三章
永远不要丧失男子汉气概——勇敢的男孩更有出息

"大师,这一招真厉害。"男孩高兴地说道。

柔道大师这才对男孩说:"因为你这一招是柔道术中最难的一招,而想要对付这一招就要抓住对手的左臂。所以,你是我所知道的唯一能用这一招制敌的人。"

男孩听后十分感动:原来他真的能行,并不是大师鼓励他。

☆ ☆ ☆

故事中的男孩在遭遇车祸之后失去了左臂,这对于一直学习柔道的他是一种致命的打击,也让他非常灰心,觉得自己再也不能练习柔道了。然而他的教练却一直相信他、鼓励他和帮助他,教他用一招制胜敌人,最终他凭借这一招完胜敌人。由此可见,在任何困难面前,都应该保持信心,不轻言"我不行",不轻易放弃努力,这才是取得成功的最关键。

☆ ☆ ☆

史蒂芬·霍金在剑桥大学读书时被诊断出患上了"卢伽雷氏症",即运动神经细胞萎缩症,这让刚刚21岁的他备受打击。他的身体开始越来越不听使唤,他在轮椅上度过了他的后半生。

尽管如此,霍金依然没有放弃努力。1985年,他在动了穿气管手术之后完全失去了说话的能力。但就是在这样的情况下,他却写出了著名的《时间简史》。

凭借聪慧的大脑和永不放弃的精神,霍金成为一个时代的传奇。

☆ ☆ ☆

生活有太多困难,也有太多精彩,要想体验精彩,就必须有战胜困难的勇气。要想战胜困难,首先,要让自己的内心强大起来,不畏惧困难、不害怕艰辛,在任何时候都不轻言放弃,能够经受失败的打击,并且在一次次的失败中变得坚强、勇敢。其次,可以为自己找一个榜样。文学作品中、生活中都不乏与困难坚持斗争、永不放弃的英雄,让他们成为自己的榜样,激励自己永远前行。

你的恐惧其实并不可怕

恐惧是一种非常重要的感觉,每个人都有自己恐惧的东西,有的人恐惧夜幕降临的黑暗,有的人恐惧蠕动前行的虫豸,有的人恐惧独处一室的孤独,有的人恐惧陌生疏离的环境。

但其实这些恐惧都只是一些小小的心理障碍,并不是真正的"恐惧",所以要战胜这些恐惧也并非完全不可能。

提起男孩,大多数人的第一想法就是"勇敢""无畏",这并不能说明男孩就不能有"恐惧"。但是,作为男孩,要明白自己恐惧的原因,然后找到适合的方法,克服自己的恐惧。

☆☆☆

有个小男孩特别胆小怕黑,每天晚上都要开着一盏灯才能睡着,一旦把灯关掉,他就会害怕地醒过来,一整夜都无法入眠。

有一次学校组织同学野营,为了节省资源,晚上睡觉的时候关了灯,男孩直到半夜都无法入睡,于是找到了生活老师。

"老师,能不能开一盏灯?我真的很怕黑。"男孩说。

生活老师抱歉地摇摇头说:"不行的,我不能为了你一个人而破坏规矩,而且,有灯光在,可能会影响其他同学的睡眠质量。"

"但我真的害怕得睡不着。"男孩难过地低下了头。

"其实黑暗并没有那么可怕啊,老师陪你一起睡,等你睡着了

第三章
永远不要丧失男子汉气概——勇敢的男孩更有出息

再走开好吗?"生活老师说道。

"好吧,老师你一定要等我睡着了再走啊。"男孩不放心地嘱咐道。

"好的,快睡吧,老师就在你旁边。"

有了生活老师的陪伴,男孩果然很快就睡着了,而且因为老师的承诺和鼓励,即使他睡着后老师走了,他也没有因为黑暗而惊醒。

之后的几天,生活老师都是等他睡着再离开。渐渐地,男孩发现,黑暗真的没有想象中那么可怕,最后一天野营的时候,他对生活老师说:"老师,谢谢您,今天我想一个人入睡,我想,我不再害怕黑暗了。"

"真棒,男孩子就应该这样,老师相信你会打败黑暗,克服恐惧的。"

☆ ☆ ☆

故事中的小男孩和很多孩子一样害怕黑暗的环境,不敢一个人入睡。在老师的鼓励下他慢慢地克服了自己的恐惧,不再像最初那样害怕黑暗的夜晚。

其实很多时候,我们心中的恐惧都和生活的经历有着分不开的联系。心中的恐惧不可怕,可怕的是不能用正确的心态来面对,甚至用逃避的态度来对待自己心中的恐惧,结果只能加剧恐惧,最终甚至会影响自己的正常生活。

☆ ☆ ☆

有个青年从小就很胆小,做事畏首畏尾,不敢勇敢前行。

为此,他找到一名智者,向智者请教如何才能克服心中的恐惧，变得胆大起来。

智者把他带到一座悬崖边，悬崖笼罩在一片浓浓白雾中，深不见底。

智者问青年："害怕吗？"

青年点头："怕得腿都开始打战了。"

"敢不敢往前迈一步？"智者又问道。

"不，不行，会掉下去的。"青年害怕地往后退了两步。

智者对他笑了笑，没有说话，却径直往悬崖边迈了一步。

"大师，不要，会掉下去的。"青年大喊。

智者却已经大步迈下了悬崖，但他并没有听到智者的惨叫声，也没有听到物体落下的声音。

"大师，您还好吗？"青年颤声问道。

"我很好。"大师的声音从崖边传来，"不要怕，你过来看看。"

青年大着胆子走到崖边，低头一看，哭笑不得地瘫坐在了地上。

原来，悬崖边有一条由铁锁连在一起的木板桥，智者正安稳地站在桥上，这座悬崖并没有看上去那么可怕。

☆☆☆

故事中的青年胆小怕事，智者利用悬崖帮助年轻人克服了自己的恐惧，也让他看清了其实很多时候自己恐惧的是自己所想象的事情，而非真正的现实。因此不妨尝试看清事物的本质，大胆迈出第一步，然后便会发现，其实很多时候真相并没有那么令人恐惧。

作为男孩，要让自己变得勇敢、坚强。首先，要明白自己恐惧的对象，找到恐惧的原因。这一步恰巧是非常困难的，因为不是所有人都有信心直面自己的内心。但是如果不能克服自己的内心,又怎么能称之为男子汉呢?

其次,尝试直面自己所恐惧的对象。例如害怕黑夜,就尝试自己在黑夜中独处,不再逃避和过度恐惧。在这样的体验中,自己就会发现,其实,黑夜并不如自己想象的那般令人恐惧。

最后,要注重体育锻炼。因为人的恐惧不仅仅来自于内心,也会来自于身体。缺乏体育锻炼会导致人的心肺功能逐渐衰弱,进而导致供氧不足,慢慢地人就会变得精神懈怠。如果不按时吃饭,人的肠胃会出现消化不良、胀气便秘等问题,也就会出现心神不宁、烦躁不安等情绪,这样也会加剧人的恐惧之情。一个人的恐惧不是瞬间形成的,自然也不是立刻就能消除的。所以,克服恐惧需要一个过程。只要有耐心、有毅力,就一定能够克服自己内心的恐惧。

男子汉,敢于认错也是一种勇气

古语有云:"人非圣贤,孰能无过。"无论是在生活还是学习中,任何人都不能避免犯错。但是如果犯了错却没有勇气承认,这便是错上加错。真正的男子汉即使犯了错也能够勇敢承认,主动承担自己的责任,这是一种勇气,更是一种修养。

但是在生活中,却有不少男孩在犯错之后不敢承认,因为犯错本身就暴露了自己的缺点,这是一件让人非常"丢面子"的事,主动认错,就更加为难了。但其实不然,犯错本身并不丢人,但如果犯了错却没有勇气承认,那才是真正的"丢面子"。

男孩要有好性格

☆☆☆

小雨和阿久是好朋友。

有一天,他们拿来了各自的玩具在一起玩。两个人很快就对对方的玩具产生了兴趣,小雨提议:"咱们换着玩吧。"

"好啊。"阿久很痛快地答应了。

两个男孩交换了各自的玩具,又开心地玩了起来。

没过多久,小雨摔了一跤,爬起来的时候发现手里的玩具竟然摔坏了。

这是阿久的玩具啊,现在坏了,他会很生气吧?他好像很喜欢这个玩具。

但小雨又觉得错并不在自己身上,如果他没有摔倒,玩具也不会摔坏了,而且,这么容易就摔坏的玩具质量肯定很差,都怪阿久买质量这么差的玩具。

小雨越想越生气,"给你的破玩具,还没玩就坏了,快把我的玩具还回来。"

"你把我玩具摔坏了?"阿久心疼地接过自己的玩具。

"才不是我摔的,它本来就是坏的。"小雨反驳道。

"就是你,我刚才看见你摔倒了,做错了事还不敢承认。"

"我没有做错事,为什么要认错,快把玩具还给我,我要回家了。"小雨一把抢过自己的玩具,跑回了家。

☆☆☆

故事中的小雨因为不小心摔倒弄坏了好朋友阿久的玩具,这本来是他的无心之失,但是小雨却拒不承认,为了逃避责任他又立刻抢了自己的玩具跑回家。他这样的做法,既损坏了朋友的玩具,又

第三章
永远不要丧失男子汉气概——勇敢的男孩更有出息

影响了双方的友谊,很有可能失去一个好朋友。长此以往,一定会影响小雨的人际关系交往的能力,这就得不偿失了。

很多人不敢认错的原因:一是怕自己丢面子;二是怕别人责怪,失去朋友。但事实往往不是这样,勇于认错,非但不会失去朋友,反而会让朋友意识到对方是个敢作敢当的人,会因为赞赏人品而更加乐意与对方交往。

☆ ☆ ☆

列宁原名弗拉基米尔·伊里奇·乌里扬诺夫,是著名的政治家、思想家,马克思主义者。

列宁小的时候也和很多男孩一样,是个调皮捣蛋的孩子,但是他勇于承认自己的错误,敢于主动认错,为自己的行为"买单"。

有一次,他跟着妈妈去亲戚家玩,玩耍中不小心打碎了一只花瓶。

亲戚问:"是谁把花瓶打碎的?"

列宁害怕被责罚而没有马上认错。

但他一直很愧疚,又听妈妈讲了很多关于诚信、勇敢和自省的故事,他便向妈妈主动承认了自己的错误。

"对不起妈妈,那个花瓶是我打碎的,但是我害怕您会训我才撒了谎。"

"好孩子。"妈妈欣慰地夸奖道:"你真勇敢。其实,妈妈早就猜到是你打碎了花瓶,但没有揭发你撒谎的行为,只是想让你主动承认错误,这才是个勇敢的好孩子。"

"谢谢妈妈。"

"那我们现在去亲戚家认错道歉吧。"妈妈说道。

列宁点了点头，主动和亲戚承认了摔碎花瓶的事情，并为自己的撒谎行为道了歉。

☆☆☆

这个故事其实并不陌生，列宁勇于认错的美好品德令人称赞，尽管他也曾害怕会被责备，但是最终他的勇敢和理智让他选择了承认错误。当他承认错误后，妈妈并没有责怪他，而是夸赞他是个勇敢的孩子。犯错不可怕，可怕的是犯了错误却不敢承认，甚至推卸责任、转嫁他人。

作为男子汉，犯了错误时，首先，一定要勇于承认，积极承担相应的责任。最好能够犯错之后立刻承认，而不是等到他人发现了询问时才站出来，这样既能节省时间、补救错误、减少损害，也能减少他人对自己的不良印象。其次，在认错后要尝试弥补自己的错误。例如弄坏了他人的东西，可以提出赔偿或者更换新的，不过要以他人的意见为主，这是体现自己认错态度和诚意的最主要方式。最后，一定要注意自己的态度，认错就要诚恳、真实，而不能为了认错而认错。

作为男孩，犯了错并不可怕，可怕的是不敢认错。

男子汉要勇敢，但不能鲁莽

男孩必须勇敢面对生活中的艰难险阻，遇到问题不退缩。但是这种勇敢不能过度，一旦做事过分"勇敢，"就会变成鲁莽。勇敢可以帮助男孩成事，鲁莽却只能坏事。

☆☆☆

杨晨在同学们中间一直是个很不起眼的男生，在同学们的眼

第三章
永远不要丧失男子汉气概——勇敢的男孩更有出息

中,他除了会读书之外,几乎没有其他优点,有同学挑衅他,还不做任何回击,简直是个怕事的胆小鬼。

期中考试过后,学校组织同学们去附近的一座山爬山,同学们十分高兴,带足了零食和玩具准备在游玩的路上吃够本、玩够劲。

"还要带一些医护用品和手电等。"这个时候,杨晨却开口让大家少拿一些零食,多准备一些有用的东西。

"带手电干什么?大家都有手机,现在谁还用那么老旧的东西。"一个男同学笑话道。

"对啊,就算遇到困难,还有老师呢,拿那么多东西多累。"另一个同学也哈哈大笑道。

杨晨没有继续劝说,但自己偷偷准备了很多急救的东西,比如酒精、绷带、手电、小刀等。

"走喽走喽,出发去玩喽。"同学们一到目的地就三三两两地聚集到了一起,只等老师一声令下就去游玩。

"大家注意安全,山路陡滑,不要爬得太高,下午五点以前回到这里集合。"老师嘱咐道。

"知道了。"

"好了,去玩吧。"

大家就等这句话了,老师话音刚落,同学们就拉着约好的同伴冲上了山。

山上的风景优美,杨晨班级的一位男同学突然要去深山里探险,还有几名同学也很感兴趣,嚷着要全班一起去。

"太危险了,而且快到集合时间了,我们得准备下山了。"杨晨说道。

47

"你就是个胆小鬼,听说这山里有个山洞,我们去探险吧。"有同学提议。

"对啊,对啊,"另一名同学说,"我们可是男子汉,要做一个勇者,敢于冒险。"

"至于某些胆小的人,还是快和女同学一起下山吧,免得一会儿吓得哭起来。"

"哈哈哈……"同学们一阵大笑。

最后几个胆大的男同学进山探险去了,杨晨不放心也跟了过去。

一开始山路还算平坦,并没有遇到什么危险的情况,后来有个同学不小心踩空,摔进了一个地洞里,其他同学为了救他,一时莽撞也齐齐掉了进去。

地洞很深,还有些陡,同学们掉下去后就一直往下滑,也不知道滑了多久,才停了下来,而这里漆黑一片,手机也没有信号,大家根本没办法打电话求救。

"我手机快没电了。"过了很久,他们还没有听到有人来救援,有两名同学害怕地哭了出来。

"我们是不是要死在这里了?"

"不会的,我背包里有水,有面包,还有手电和一些其他应急的东西,来这里之前我已经和老师通过电话了,把我们前进的方向告诉了老师,我们很快就会获救的。"

在接下来的时间,这个一直被同学们嘲笑胆小的杨晨不停地鼓励着大家,直到老师赶来救出了他们。

"你才是真正勇敢的人!"被救出的同学惭愧地对杨晨说道。

第三章
永远不要丧失男子汉气概——勇敢的男孩更有出息

☆☆☆

故事中的杨晨一直被认为是个胆小怕事的男生,但是在危险面前,却丝毫没有畏惧之心,而是十分勇敢地照顾所有人。他在出发前就已经做了充足的准备,心细如发,在遇到危险时又临危不乱,救了所有人。而那几个所谓"大胆"的男生,其实在做事时更多的只是鲁莽,不仅将自己置于危险之中,还连累了不少人。因此,在生活中,尤其是在野外,不能鲁莽行事,否则只会害人害己。

☆☆☆

暑假时佳佳来到爷爷奶奶家玩。一天,天气特别热,几个小伙伴相约去村外的池塘里游泳。佳佳记得妈妈说过,不要随便去池塘里玩水,他显得有些犹豫。

"走吧,你不会胆小到不敢去吧?"一个小伙伴说道。结果引得其他人哈哈笑起来。

被他们一笑,佳佳脸上有些挂不住。"去就去!谁害怕了!"

池塘里果然很凉快,所有的小朋友都玩得非常高兴。忽然,大家听到有人叫了一声:"哎哟!快来人帮帮我,我的脚被勾住了!"大家看到有个小男孩在水里挣不脱,站在原地动弹不得。

顿时所有的小男孩都慌了,有的胆小的都吓得哇哇哭了起来。这时候有人要跳下去救那个脚被勾住的男孩。

"不行!"佳佳立刻拦住了他,"你看他现在动弹不得,说明那里很危险,你不能再贸然下去,到时候没有救到人,你也上不来了。"

大家觉得佳佳说得有道理,"可是那怎么办?"

"这样吧,我先去找个长点的树枝,保证他不会被水带走,其他人马上去附近找找有没有大人,让他们来帮我们。"佳佳很镇定地说。

"好!"大家立刻分头行动。不远处就有几个路过的大人,他们将被困住的孩子救了上来,大家都说佳佳是个勇敢的孩子。

☆☆☆

故事中的佳佳遇到危险没有贸然让自己涉险,而是积极想办法寻求帮助、临危不乱,是个非常勇敢聪明的孩子。遇到危险不鲁莽、不盲目,这才是保护自己的最佳方式,只有先保护好自己,才能有精力帮助他人。

其实勇敢和鲁莽最大的区别在于二者的方向不同。勇敢的人做事果断、目标明确、方向清晰,他知道自己的目的,也分析过自己的方法,因此做事更加容易成功。而鲁莽的人虽然敢想敢做,却缺乏明确的目标和清晰的方向,做事不假思索、一味向前冲,这样只能误打误撞,往往都不能取得好结果。

作为男孩,在勇敢的同时要学会细心,遇到事情先不要着急做出反应,而是经过理智和合理的分析之后,得到有效结论,初步做出计划再实施。任何时候都不能意气用事,仅凭一腔热情就蛮干。同时要有耐心,不管在任何时候都要有足够的耐心,做事不骄不躁,一步一步来。鲁莽的男孩,一定要学会控制自己的情绪,不要让自己在情急之下情绪失控、失去理智而做出一些不假思索的事,这样的鲁莽往往能造成一些严重的后果。

勇敢才能成为男子汉,但是鲁莽绝对只是匹夫之勇。作为男孩,要有一颗勇敢的心,但不能做一个鲁莽的人。

第四章

快乐才能拥有好心情
——乐观开朗的男孩更阳光

快乐是世界上最美好的情绪,快乐的源泉就是乐观的心态。快乐,可以帮男孩驱赶忧郁的阴霾;快乐,可以帮助男孩成就阳光的心态。快乐为男孩带来阳光,又驱散身边所有的荫翳。所以,请做一个阳光男孩吧!用快乐成就自己的人生。

保持乐观，你的人生会变得更顺利

苏联著名科学家勒柏辛斯卡娅曾这样说过："体育和运动可以增进人体的健康和人的乐观情绪，而乐观情绪却是长寿的一项必要条件。"人生必不可少的态度就是乐观，唯有乐观，才能驱散生活中的阴霾，让自己的人生充满阳光、更加顺利。

没有人的生活会一帆风顺，俗话说："人生不如意十之八九"，人生的任何阶段都难免会有不尽人意的时候，但是要相信困难和失意只是一时的，风雨之后终究会是晴朗的天空。不管在何种境遇，作为男孩始终要学会保持乐观积极的态度，让自己拥有快乐的心情，如此才能顺利渡过每一个人生难关。

☆☆☆

秀才上京赶考，晚上留宿客栈，接连三天都做了梦。

第一晚，秀才梦到自己在墙上种菜；

第二晚，秀才梦到自己在下雨天既打着伞又戴着斗笠；

第三晚，秀才梦到自己在家中睡觉，却与娘子背对着背。

"好奇怪的梦！"秀才始终对这三个梦无法释怀，于是，秀才就找了个卜卦老先生，求他解梦。

"你赶紧回家乡吧，这次科考你肯定中不了。"老先生听了他的梦摇头说道。

"为什么？"秀才急忙问。

"高墙上种菜不是白种吗？戴斗笠打雨伞不是多此一举吗？跟

第四章
快乐才能拥有好心情——乐观开朗的男孩更阳光

娘子背靠背睡觉,不是没戏吗?"

秀才一听,心灰意冷,正准备走时,旁边另一个老先生笑道:"我看未必,我觉得你此次科考必中。"

秀才喜出望外,"老先生请说。"

"墙上种菜乃高种;戴斗笠打伞有备无患也;背靠背睡觉正是翻身的时候到了。"第二个老先生说。

"原来如此,原来如此。"秀才两相比较,更愿意相信第二位老先生的解说,于是积极地开始备考,果然高中。

☆ ☆ ☆

故事中的秀才做了三个梦,他找到两个卜卦先生,得到了两种不同的解释。其实并不是这两个老先生的卜卦能力高低不同,而是两种解释传递给秀才的心理暗示不同。第一个老先生的解释让秀才十分悲观,顿时觉得自己高中无望,自然无心再好好备考。而第二个老先生的说法给秀才很大的希望,他回去后积极备考,最后果然高中。由此可以看出,乐观的心态的确可以改变一个人做事的状态。

☆ ☆ ☆

有个男人和朋友合伙做生意,在一项决策上,男人和朋友起了争执。男人觉得现在生意正是关键时刻,应该保守发展,积攒足够的财富和能量后,再扩张,但朋友却认为现在时机正好,趁着正有名气的时候,赶紧发展壮大。

"如果发展失败,我们损失惨重,之前投进去的精力和财力都无法收回。"男人说道。

"虽然有失败的可能,但也有成功的可能啊,我们做足准备,以乐观积极的态度来对待和操作这件事,成功的可能性还是很大的。"朋友诉说着自己的意见。

"我还是觉得风险太大。"男人有些迟疑。

"当初我们合作的时候,也同样有风险,而且风险不比现在的小,不是一样成功了!"朋友说,"别想太多,如果觉得这个项目有问题,我们多研究研究,让风险降到最低,但我们不能失去积极乐观的心态,只有保持乐观,才能一帆风顺。"

☆ ☆ ☆

故事中的男人与人合伙做生意,谨慎又带有悲观色彩性格的他认为风险过大,在决策上和朋友发生了分歧。不管是做生意还是在学习、生活中,小心为上是对的,但是采取谨慎态度的同时也要保持乐观的心态,如果因为担心失败而做事束手束脚,就会得不偿失。

作为男孩,要学会用乐观的心态面对人生。首先,要尝试常带微笑。微笑是一种神奇的力量,可以显示一个人的状态,也可以感染他人,让自己的快乐和轻松影响到周围人,带给别人愉快的感受。其次,要保持自信,一个人只有相信自己能够应对所有困难才能以乐观、积极的态度应对一切。所以,要相信自己的能力,相信生活中的一切都在向着美好的方向发展。再次,要学会不太计较生活中鸡毛蒜皮的小事。如果一个男孩总是被生活中一些鸡毛蒜皮、无足轻重的小事左右心情,那么情绪就很容易受到干扰。所以男孩要学着着眼于大事,不要太过于斤斤计较。最后,作为男孩,要明白乐观来源于在自己的努力和奋斗之下越来越自信的感觉和越来越美好的生活,而不是一味盲目乐观地相信世界上所有的事情都会自己变得美好。所以,不管是在顺境还是逆境,都不要放弃努力生活,这样最终才会赢得积极、美好的生活。

第四章
快乐才能拥有好心情——乐观开朗的男孩更阳光

做阳光男孩，远离忧郁

不知从何时起，忧郁成为一种很"流行"的气质。忧郁或许在外观上看起来是一种很特殊的气质，但是如果在生活中忧郁成为一种经常性的状态，就会影响到一个人的生活。

当人对一件事或者一个问题觉得没有把握处理好时，就会在大脑中产生忧郁感和挫败感，会导致人心情低落、情绪消沉，久而久之会让人对生活失去信念，感觉一切都没有生机和意义。严重者可能会产生诸如抑郁症等心理疾病，甚至会做出一些极端、危及生命的事情，对自己和家人、朋友的生活造成非常不好的影响。所以，一定要远离忧郁，做一个积极、阳光的男孩。

☆ ☆ ☆

有一天，天上下着小雨，男孩小宇和他的朋友走在大街上。

两个人只有一把伞，小宇穿着的是一双新买的白色运动鞋和浅色裤子，雨水溅在鞋和裤子上，很快就把衣服弄脏了。

小宇郁闷地抱怨道："真见鬼，我最讨厌下雨天了！今天的好心情都被破坏了。"

朋友却微笑着说道："为什么下雨会破坏掉好心情呢？我就很喜欢下雨，下雨能使空气变得清新，还能使万物茁壮生长，雨后还有可能出现美丽的彩虹，这是多好的一场雨啊！"

"你这想法可真阳光，不过我真的很讨厌下雨，你看我的鞋和裤子，全脏了，哎，回家还得刷鞋、洗裤子，你一身黑色衣服当然不怕了。"

"我只是时刻让自己拥有好心情，做一个阳光男孩不好吗？总比你这个忧郁男孩好。"朋友笑道。

☆☆☆

故事中的两个男孩在面对同样一件事情时，采取的态度是完全不同的。小宇产生抱怨，忧郁难过，而他的朋友却能够微笑面对，将事情往好的方面想，让自己的心情变得更加美好。这样的做法能够帮助他积极应对人生中出现的各种问题，能够让他的生活变得更加顺利。

面对同样的事实，不同的心情会产生不同的结果。有的男孩遇到问题只能看到充满黑暗的那一面，因此自己的心情也受到很大影响，感到生活希望渺茫，做事也不会取得成功。但是内心阳光的男孩则会看到事物有利的一面，即使有一线希望，也不会放弃努力，在任何境况下都能让自己生活充实、内心丰盈、阳光快乐。

☆☆☆

有一个男人十几岁就离开家乡外出打工，几年间做过很多工作，生活一直十分辛苦，但日子充实又快乐。几年间，男人慢慢积攒了一些本钱，用这些本钱，自己开了一家小公司。

但是男人从来没有了解过如何经营一家公司，半年时间过去了，他的公司不仅没有盈利，还因为男人经营不善，失去了很多资源。本来踌躇满志的他不堪重负，开始怀疑起自己的能力来。

"以前我就知道干活，服从命令，现在要命令别人做事，还要管理财务和后勤，比打工的时候还辛苦。"他经常这样感叹道。

无休无止的难题和经营不善让男人变得十分忧郁，他再也体会不到打工时充实而快乐的日子了。

就这样又坚持了一年，男人的公司破产，他重新开始了打工的

第四章
快乐才能拥有好心情——乐观开朗的男孩更阳光

生活,在一家公司里担任一个部门的经理。

有稳定的工作,男人又开始不满和忧愁,觉得这样的工作很无聊,每天创造的价值都奉献给了公司和老板,如果他的公司能坚持开下来,那么这些都应该是他的财富。

就这样,男人在不断的抱怨中失业了,之后不管他选择打工还是自己创业,总有这样或者那样的不如意,以往的快乐男孩再也回不来了。

☆ ☆ ☆

故事中的男人在自己的公司经营不善时,一边责备自己、质疑自己的能力,一边抱着郁闷的心情消沉地对待自己的生活。到后来,他将忧郁作为自己心态的常态,过着非常不快乐的生活。

生活中诸如故事中的男人这样的人还有许多,他们对生活不满足,却又被忧郁困扰,被心态束缚,使自己陷入痛苦。一个人如果能够从一开始就阳光积极,将会敦促自己变得积极、上进,解决生活中很多的困难。

作为男孩,一定要学习做一个阳光男孩。首先,要保持乐观、积极的心态,做一个对生活、对未来充满憧憬和期待的男孩,并且要坚信,只要自己努力,未来一定是光明、美好的。其次,要学会释放和排遣自己内心的忧郁。如果将忧郁的情绪憋在心里太久,如同身体会生病一般,人的心理也会"生病",日积月累的忧郁会让自己的心理健康和身体健康受损,因此,作为男孩一定要学会排遣心情。比如选择一项体育运动、学习一种乐器,有一两个知心朋友,都可以分担自己的情绪。只有将忧郁及时排出体外,人的心里才有空间来容纳快乐。最后,男孩要学会面带微笑。微笑不仅能够为自己带来好心情,而且能够让身边的人感受到自己的善意,提高男孩的交际能力。

阳光男孩才最迷人,让自信、快乐驱走忧郁的阴霾,就会拥有幸福快乐的生活。

微笑,也能感染周围的人

微笑看似只是一种表情,但其实它却具有特殊的"魔力"。微笑能够为自己带来好心情,显示出自己积极乐观的态度,也能展现自己友好的一面,让周围的人也备受感染。因此,作为男孩,要学会常常微笑。

☆☆☆

小荣和小田是好朋友,两个人都是六年级的男生,住在同一个小区里,每天都一起上下学。

这一天,两个人一起放学回家,小荣来到小田家里写作业。

很快,两个人就写完了作业,坐在一起玩耍起来。

"早上妈妈买了好吃的蛋糕,你要吃吗?"小田问道。

"好啊,我要吃。"小荣早就饿了,一听到有蛋糕吃,馋得口水都要流出来了。

小田从冰箱里拿出几块蛋糕,两个人一边吃蛋糕,一边讨论刚才的作业。一开始两个人讨论得很开心,但当讨论到一道数学题时,两个人却争吵了起来,最后还动起了手。

"你这个笨蛋,明明就是我的答案对了,你竟然还不服气!"小田瞪着他。

第四章
快乐才能拥有好心情——乐观开朗的男孩更阳光

小荣生气地把没吃完的蛋糕扔到他身上,说道:"我的答案才是最准确的,你那是胡说八道。"

两个人各执己见,说不清,就打了起来,最后"两败俱伤",气呼呼地各自坐在一边,不理对方。

突然,小荣扑哧一声大笑了起来。

小田一开始还有些生气,但见对方笑得眼泪鼻涕都出来了,也笑了起来。

"你笑得真丑,这么喜欢打架咱们再来打一场啊。"小田说道。

"不打了,不打了,是我不对,不该扔你蛋糕的。"小荣见对方肯说话了,也软和了起来。

"啊,你不说我还忘记了,蛋糕就这样被你浪费了,明天你要请我吃更好吃的蛋糕。"小田假装生气地说。

"没问题,哈哈哈,你快去洗洗脸吧,像个大花猫。"小荣笑个不停。

小田也没忍住,大笑了起来:"你也像个大花猫,我们一起去洗洗吧。真是的,明明很生气,但见你笑起来,我也忍不住笑了起来,真奇怪。"

"是啊,我们两个真奇怪,明明是朋友,却因为一个答案打起架来,哈哈哈。"

两个好朋友就这样勾着肩一边大笑,一边去洗脸了。

☆ ☆ ☆

故事中的两个男孩发生口角之后,互相不理不睬,却因为一个笑容而和好。微笑可以在无形中化干戈为玉帛,让人与人之间和谐相处。其实很多时候,微笑还可以将冲突在发生之前解决掉。生活中很多冲突在一开始并非是必然的，很多时候取决于人的态度，如果能够互相退一步海阔天空，用微笑来面对彼此，那么很多冲突也就可以随之减少了。

☆☆☆

有个小男孩要参加歌唱比赛，临上台时，却突然紧张了起来，担心自己唱跑调或忘记歌词。

"主持人，我能不能晚一会儿再上台，我有点紧张，担心自己会出错。"小男孩找到主持人，说了自己的请求。

主持人答应了他的请求，允许他最后一个上台表演。

但他一直很紧张，怎么也平复不了心情。

主持人知道后，笑着对他说："嗨，我有个好方法，能让你不紧张，想知道是什么方法吗？"

"什么方法？"小男孩连忙问道。

"微笑，用你的微笑来感染观众，感动观众。"主持人说。

上台后，小男孩看着众人的目光都集中在他身上，紧张之余想起了主持人的话，便深吸一口气，露出了一个暖暖的微笑。

观众看到后大声欢呼起来，纷纷说："好可爱。"

受到鼓舞的小男孩一口气唱出了自己的参赛歌曲，获得了雷鸣般的掌声。

☆☆☆

故事中的男孩在比赛中非常紧张，他的微笑感染了全场的观众，在观众的鼓励下他平复了自己的心情，获得鼓舞的他超常发挥出自己的水平，赢得了掌声。

在生活中微笑就是这样神奇，微笑的人能够给自己一个好心情，让自己的每一天都充满阳光和活力。微笑如同一缕阳光，驱散生活中的阴霾，让陷入低落的心情重新走向快乐。微笑也是一份礼物，可以随时随地为他人带来快乐和希望。一个爱微笑的人，人际关系也不会太差。

作为男孩，首先，要保持乐观的心态，这样才能由内而外地体现出一种阳光的感觉，才能有发自内心的微笑。其次，在生活中思考问题要多往乐观的方向考虑，做最充分的准备，保持乐观的心态，要相信所有的一切都会越来越好。最后，要将微笑变成一种习惯。

懂幽默的男孩更有吸引力

什么样的男孩最吸引人？长相帅气固然好，但是一个富有才华的内在却拥有更持久的魅力。要说能够让周围的人因为自己而变得更加轻松愉快，那一定非幽默的男孩莫属。

幽默是一个外来词，它的内涵包括有趣、好笑而又意味深长。要做得好笑并不难，但是要做到有趣则有些难度，因为这还要具备意味深长、耐人寻味的特征。由此可见，幽默并不是简单的搞笑。

幽默是让人在发笑之余还能悟出道理，或给人以启示。林语堂先生是将"幽默"一词引入中国的人，他在《论读书，论幽默》中写道："最上乘的幽默，自然是表示'心灵的光辉与智慧的丰富'"，他还说："幽默最富有感情"。目前幽默可以说已经上升到哲学研究的范畴。由此可见，幽默也需要用心培养和学习。

☆☆☆

纪晓岚是清朝乾隆时期的大才子,十分幽默,哪怕被乾隆皇帝重用封为大学士也改不掉爱逗人的性格,经常开一些无伤大雅的玩笑,就连皇帝的玩笑,他也敢开。

有一次,就快要上朝了,乾隆皇帝却迟迟不来,朝臣等得着急,却都不敢表达出来,只有纪晓岚开着玩笑道:"这老头子怎么还不来?做什么去了?"

没想到这句话却被"老头子"乾隆皇帝听到了。

乾隆皇帝很不高兴,"你说谁是老头子?"

纪晓岚被逮个正着,只好垂头承认道:"臣说陛下是老头子。"

"大胆!你这是在说朕老了吗?"果然,乾隆皇帝龙颜大怒。

朝臣们都吓得跪下不敢吭声,纪晓岚却跟个没事人一样,笑着说:"万寿无疆才叫'老',顶天立地才叫'头',以天为父、以地为母才叫'子',所以,臣称陛下为'老头子'"。

乾隆皇帝没想到会听到这样一番"胡说八道",但听着却十分高兴,马上消了气,指着纪晓岚哈哈大笑道:"爱卿真是朕的贤臣啊!"

☆☆☆

故事中的纪晓岚是历史上有名的大才子,他的一番话,将一场杀身之祸化解于无形之中。由此可见,在关键时刻,幽默还是一项能够保命的技能。虽然作为现代人的我们,已然不会碰到纪晓岚这样的情况,但是幽默一样可以让我们的生活变得更加有意义、生活得更加快乐,也会给周围人带来欢乐。

幽默的人总是能将气氛调动起来,让身边的人也会感受到轻松

第四章
快乐才能拥有好心情——乐观开朗的男孩更阳光

和愉快。幽默的人,不会轻易与他人起冲突,也不会让局面僵化。幽默是生活的润滑剂,能够让生活变得更加和谐和美好。幽默的人能带给他人快乐,自然也能带给自己快乐。幽默让人的心情更加愉快,心态更好。有了好心态,做事才会顺利。所以作为男孩,要学会幽默。

☆☆☆

有个小男孩从小就十分幽默,他一直希望自己能拥有一辆属于自己的自行车,哪怕是一天,一分钟也行。

但是男孩家里比较拮据,买不起自行车。

小男孩省吃俭用,勤工俭学,终于用了两年时间攒够了钱,买了一辆二手自行车。

小男孩高兴地骑着自行车在小镇上穿梭,骑累了,才把自行车停在一间店铺外面,去店里向老板讨一碗水喝。

但当他喝完水从店铺里出来时,他的二手自行车却变成了一堆废铁,而旁边站着一个比他还小的小男孩,正害怕地掉眼泪。

"对不起,我不小心撞坏了你的自行车。"小男生一边说一边抹眼泪,"但是我赔不起,我,我……"

"哎,"男孩看着他被撞废的自行车,幽幽说道:"以前没有自行车时我就在想,只要我拥有它一天甚至一分钟我都会心满意足的,果然,我只拥有了它一天,它就离我而去了。看来,它真的不属于我啊。"

☆☆☆

故事中的男孩在失去心爱的自行车时并没有表现得暴跳如雷,而是用幽默的一句话化解了这场"危机"。他的幽默让小男孩放下心来。由此可以看出，幽默也是一剂安慰人心的良药。

幽默的男孩更受欢迎。那么如何学会幽默呢？这里有几点建议。首先，要领会幽默真正的内涵，在机智敏捷地指出他人的缺点的同时要学会加以肯定。男孩要明白，幽默绝不是油腔滑调，也不是刻意嘲讽他人，拿别人取乐。其次，必须扩大自己的知识面，让自己在与他人沟通时能够拥有丰富的谈资，能够从知识中获得更多灵感。最后，可以利用自嘲来达到幽默的效果。自嘲是一种非常有效而又有礼貌的方式，在不涉及他人的同时又能达到幽默的目的，一举两得。

改变不了的事情，就坦然接受

生活中绝大部分的烦恼来源于求而不得，如果求而不得还继续固执、钻牛角尖，那么只会让自己的心情变得更加糟糕。

生活中的风浪从来不会间断，为了既定的事实，在心里久久放不下，反而折磨自己，长此以往，一定会产生心理疾病。同时，这样也会将自己变成一个斤斤计较、不顾大局的人。所以，如果事情已成事实，无法再有改变，倒不如学会坦然接受，给自己一个好心情，让生活变得更加阳光、积极，让自己集中精力，去做更多未完成的事。

因此，作为男孩，一定要学会接受现实。接受已经无法改变的现实，并从现实中入手，寻找更多的机会，在以后取得更好的成就。

☆☆☆

有一个青年从小身材矮小，成年后，依旧个子不高，这样的他

第四章
快乐才能拥有好心情——乐观开朗的男孩更阳光

不仅找工作受到了排挤,还屡屡相亲失败。种种打击让他开始怀疑人生,青年变得十分讨厌自己。

青年想要改变自己,于是四处寻医问药想要长高,结果一无所获。

这时候,青年遇到了学生时期的一位老师,老师知道他的苦恼后,说:"孩子,既然你的身高已经不能改变,你为什么不试着接受这个事实呢?"

"可是,因为它,我的生活变得一团糟。"青年说道。

"或许,它也能为你带来幸运。"老师说着,拿出一个宣传单,"正好我刚刚看到有一个杂技团招收表演者,要求身高不能高于他们的标准,待遇从优,你可以去试试。"

"真的吗?"青年十分高兴,"我一定要去试一试。"

青年告别了老师,拿着宣传单去面试,结果顺利地得到了这份工作。

☆☆☆

故事中的青年因为自己的身高屡屡碰壁,因此他开始郁郁寡欢,甚至到了厌恶生活的地步。最后他的老师一语道破:为什么不尝试着接受这个事实呢?任何事情都有两面性,有弊自然也会有利。文中让这个青年的生活变得一团糟的身高给他带来了一份新的工作,随之而来的就是新的生活。由此可以看出,事实面前,与其屡屡抱怨,怨天尤人,倒不如看清现状,寻找更好的机会与目标,这样人生才不会失去意义。

当然,学会接受现实,并不代表着"认命",古语有云:"知己知彼,百战不殆",在生活的战场上依然如此。接受现实，目的是了解清楚自己当前的状况，分析利弊，这样才有可能找到机会，让自己取得进步。

☆☆☆

一个商人创业失败后每天借酒浇愁，不知道自己的未来在哪里。

有位老者看到商人如此颓废，就问他："为什么不振作起来呢？"

商人苦涩地说："我都已经失败了，还怎么振作得起来呢？就让我喝个痛快，麻醉自己吧！"

"可怜的人。"老者说道，"既然失败已经是改变不了的事情了，你为什么不坦然接受呢？接受你失败的经验和教训，重新振作起来，收获成功也不是不可能的事情。"

商人听后大受启发，终于扔掉了手中的酒瓶，接受了这次生意失败的事实，反思自己失败的原因，并用最短的时间找到了另一个商机，成功地收获了第一桶金。

☆☆☆

故事中创业失败的商人非常沮丧，他开始丧失斗志、颓废消沉，后来在老者的劝慰下，重整旗鼓，再次出发。有了第一次的经验教训，他在第二次创业中迅速成长。

生活中的大多数人也是如此，在追梦的路上遭遇挫折，从此一蹶不振，感觉自己的人生因为这次的失败都变得黯淡无光，从此开始消沉甚至堕落，最后浑浑噩噩地度过自己原本踌躇满志的一生。这样的行为其实是对自己不负责任的行为。

作为男孩，要明白在生活中没有一帆风顺的事情；也没有随随便便的成功。任何成功都不会是偶然的，而是经过努力和奋斗之后的必然结果。因此一两次的失败也不足以说明什么,更不能成为放弃努力、放弃自己的理由。与其抱怨消沉,不如坦然接受,然后重整旗鼓,再次出发!

　　作为男孩,首先,要学会宽容。这种宽容是对自己的宽容,要允许自己犯错,要学会原谅自己。其次,要学会在失败中总结经验。俗话说失败乃成功之母,要想成功,就必须学会总结经验、吸取教训。最后,要学会持之以恒、坚持不懈地奋斗。要想取得成功,就要勤奋努力。

　　永远不为打翻的牛奶哭泣,也不因为打翻的牛奶而损失更多的牛奶,这才是男孩正确的选择。面对既定事实,不如坦然接受,然后努力寻找更美好的未来!

第五章

想成为大丈夫，就要有大胸襟

——宽容的男孩心态更好

俗话说："宰相肚里能撑船"，说的便是宽容的力量。男子汉，应该学会不在小事上斤斤计较；君子，应该在生活中宽以待人。胸怀更大者，还能够以德报怨、赢得他人的尊重。要想成为大丈夫，就必须先修炼自己的大胸襟。唯有如此，才能让自己的生活更加快乐、更加从容。

男子汉，不能为小事斤斤计较

法国大文豪雨果有句名言流传了几个世纪："世界上最宽阔的是海洋，比海洋更宽阔的是天空，比天空更宽阔的是人的胸怀。"诚然，一个人的胸怀可以比海洋和天空更加辽阔，可以容纳成长中经历的悲伤与痛苦，能够化解与人相处的许多矛盾，让生活更加快乐。

作为男孩，更是要学会心胸宽广，不为生活中的小事与他人斤斤计较。这样能够让自己生活得更加开心，也能将精力集中在更加重要的事情上，帮助男孩更加快速地走向成功。

☆☆☆

从前，有一个大臣，他有一位属下性格十分耿直，说话做事不会婉转，从来都是直来直去，为此得罪了不少人。

属下对待这位大臣也是同样的态度，经常当众顶撞。

被属下得罪过的人就找到大臣"你那个属下实在是太嚣张了，连您这个上级都敢顶撞，一定要好好惩罚惩罚他，或者直接开除他。"

大臣却笑而不语。

有一次，属下又当众对大臣出言不逊，有人看不过去，就说："哪有你这样当别人属下的，竟然还敢以下犯上，难道你是欺负自己的上级脾气好，不和你追究吗？"

属下从未这样想过，只是把自己想说和该说的话说出来了而已。

第五章
想成为大丈夫,就要有大胸襟——宽容的男孩心态更好

现在被人指责,细想一下,自己平时说话好像确实有些得罪人。

"大人不生气吗?"属下问大臣。

大臣反问:"我为什么要生气?"

"我这样顶撞您,扫了您的面子。"属下说道。

"你性子本就如此,我何必因为这点小事而斤斤计较,而且你的一些话确实能让我反思自己的某些行为,并无不妥。"大臣回答道。

☆ ☆ ☆

故事中的这位属下性格直率,有话直接说,正因为如此他经常得罪他人。但是他的上级,就是这位大臣却对他的直率十分包容,没有斤斤计较属下的行为让自己十分"丢面子"这件事,反而从属下的话中寻找自己的问题,提高自己。这位大臣的宽容让自己在与人相处时并没有过多不愉快,也帮助自己及时听取他人的意见,帮助自己取得进步。由此可以看出,宽容对一个人的生活有着重要意义。

☆ ☆ ☆

有两个人是邻居,一个人脾气暴躁,经常因为一点小事而生气,而另一个人正好相反,对待每个人都和蔼可亲,就算得罪他的人,他也会宽容对待,从不会与对方斤斤计较。

有一天,脾气暴躁的男人下班回家,发现家门口摆着许多垃圾,而垃圾来源的方向似乎正是那个和善的邻居家。

暴躁的男人十分生气,来到邻居家就踹起了门。

很快,门就打开了,邻居惊慌地问:"怎么了?发生什么事了?"

"你为什么在我家门口扔垃圾?别人还说你是大好人,原来背

后偷偷使坏,我看你也不是什么好东西。"说着,不等对方解释就挥出去一拳,正好打在邻居的眼眶上。

当天晚上,暴躁男人的妻子回家,对他说:"今天早上急着上班,不小心把垃圾打翻了,本来想下班后收拾的,刚才一看竟然有人帮忙打扫干净了,真是感激啊。"

暴躁男人这才发现自己冤枉了邻居,妻子知道来龙去脉后让他去道歉。

没想到,邻居却笑道:"我不会因为这点小事斤斤计较的,你们以后注意就行了。"

☆☆☆

故事中性格暴躁的男人在还没有调查清楚事实真相的时候,凭借自己的判断就对邻居大打出手,但大度的邻居并没有责怪他。邻居的大度让他们的关系并没有因此而受到过多的不良影响。当然,暴躁的男人也应该从此收敛自己的脾气,遇到问题学会冷静思考再做决断。

在生活中免不了会有与他人发生分歧、矛盾的时候,但是在不涉及原则的情况下,作为男孩,应该用宽容的胸怀来对待他人,也让宽容之心为自己带来好心情、好人缘,帮助自己在今后的成长道路上更加容易成功。

作为男孩,首先,要着眼于大处,要心怀远大的目标,不要为了眼前的小事而太过费心。一个有着远大目标的男孩不会将太多心思和时间花费在眼前的小事上,因为他们时刻都在为了自己的目标而奋斗。其次,要学会宽以待人。在生活中,不要对他人太过苛责,当他人犯错误时,学会得饶人处且饶人,不在他人的错误上斤斤计较。做一个大度的男孩，这样不仅能够让自己保持好心情，还能维护自己的人际关系，为自己带来好人缘。最后，作为男孩，要善于排遣自己的情绪，帮助自己平衡心理。有时候要做到宽容非常不容易，比如面对蛮不讲理的人时，只能自己"受委屈"。所以，一定要平衡自己的心理，学会调节情绪，让自己更加快乐地生活。

宽容待人，严格待己

宽容是一个人随时携带身边的礼物，能够让周围人随时感受到善良与快乐。与一个宽容的男孩相处，会给人轻松的感觉，同样宽容也会给自己带来更多从容和享受。但是，有些人的宽容却有着双重标准：对自己宽容，对他人严苛。

一个有着双重标准的人会将自己的眼睛放在他人的失误上，并且久久不能释怀，用他人的错误来惩罚自己。当然，自己的双重标准容易使自己看不到自己的问题所在，而是将所有的责任都推卸给他人，久而久之，就会影响自己的人际关系交往，也会给自己的心情和生活带来许多负面影响。

☆ ☆ ☆

有一天，一个男人遇到了智者。

男人问智者："怎么才能做一个对自己严格，对他人宽容的人呢？我总是忘不了他人伤害我的事情，却记不住他人对我的恩惠。"

智者说："很简单。当有人伤害你的时候，你把这个人的行为记在沙土上；当有人对你施恩的时候，你就把他的行为刻在石头上。"

"这是为什么？"男人不明白。

智者回答道："伤害你的行为记在沙土上，风一吹，就散了，你就可以渐渐忘记它；而刻在石头上的行为不管风吹雨打都无法消磨掉，它将被你永远铭记在心。"

☆☆☆

故事中的男人就是典型的"对别人严苛、对自己宽容"的人。他无法忘记他人对他的伤害，却将他人对他的恩惠很快抛诸脑后，从来不曾真正记住。这样的人在生活中无法很好地与他人相处。同时，一个人若是总记着他人对自己的不好，便会对自己的心情造成很大的影响，容易变得暴躁和忧郁，更有可能出现报复心理。在铭记他人的不好的同时，也会忽略自己的问题，这就是"对自己宽容"。自己犯的错可以被原谅、被遗忘，却不能放过他人的错误，这就是"对别人严苛"。

在生活中，男孩要学会将宽容留给他人，将严苛留给自己。宽以待人，让自己不纠结于他人的问题，不拿他人的错误来惩罚自己，帮助自己拥有好心情。男孩要学会严格要求自己，让自己做一个更加优秀的人，这样才能真正进步和取得成功，也能真正赢得他人的尊重。

☆☆☆

小马和小齐是好朋友，两个人相约去郊外玩耍。

路上两个人发生了争执，小马十分生气，"我要和你绝交，现在你走你的阳关道，我走我的独木桥，后会无期！"

说完，小马就要走人。

小齐上前拉住他说："你自己万一遇到危险怎么办？"

第五章
想成为大丈夫,就要有大胸襟——宽容的男孩心态更好

"和你无关,松手,再不松手我要揍人了。"小马气愤地甩手,却怎么也甩不掉,竟然真的打了小齐一巴掌。

小齐很伤心,就独自回家了。

第二天,小齐意外得知了小马摔伤住院的消息,他十分自责,急忙赶到医院看小马。

这时,小马的气已经消了,想起昨天的事情,不知道怎么面对他。

小齐却自责地说:"对不起,是我不好,昨天我并没有真的生你的气,咱们两个人意见相左发生争执是很正常的事情,你的脾气差,我的脾气好一点,就该对你宽容一点,反而是我,真的撇下你自己回家,真是太差劲了,对不起。"

小马听后十分感动,"不,是我太差劲了,我为昨天的自己感到羞耻,也向你道歉,希望你能原谅我。"

"我并没有生你的气,谈何原谅呢!倒是希望你能原谅我,希望我们以后还是好朋友。"小齐说道。

"我们当然是好朋友,有你这样宽容大度的朋友,是我的幸运。"小马笑道。

☆ ☆ ☆

故事中的小马性格急躁,遇到问题容易发火,不管不顾地责怪他人。但是在他受伤住院后他的朋友小齐却非常自责,认为小马受伤是自己的责任。但其实是因为小马脾气暴躁又不听劝告才导致受伤的。由此可以看出,小齐是一个对待他人非常宽容却对自己十分严格的人。因为他总是能够照顾他人的情绪,将问题归结于自己身上,对待自己要求严格,而这样的人更容易在问题发生前就做到防

患于未然，所以生活也会变得更加顺利。

作为男孩，要学会将宽容留给他人。对待他人的错误，不要过于苛责，而要学会体谅他人。作为男孩，要学会将严苛留给自己，在生活和学习中要学会精益求精，这样才能不断提高自己的能力，让自己能够生活得更加有底气，与人相处时，也能减少由于自己的失误而带来的问题。

以德报怨，是男孩的美德

在人与人的交往中总是免不了会发生各种矛盾与冲突，有的人在面对冲突时主张"以牙还牙"，无论如何不能让自己吃亏；有的人认为"君子报仇十年不晚"，因此将怨气埋在心中，寻找机会报复。但其实这样的做法始终伤害的都是自己。

将怨恨记在自己心中，就像给自己的心情时刻背上了一个重重的包袱，让自己的生活始终蒙在阴霾之下；将怨气发泄在他人身上，又会给对方造成伤害，对自己的人际关系也会产生很大的影响。因此，作为男孩，不妨大度地以德报怨，为自己的心情减负，也为自己的人际交往加分。

☆☆☆

爱迪生是伟大的发明家，他在发明灯泡时，遇到了很多困难，不知道失败了多少次，才做出一个完整的灯泡。

他把做好的灯泡交给助手，让助手拿到楼下实验室进行研究，并再三嘱咐："小心一点，别出意外。"

助手也知道这个灯泡是爱迪生几天几夜几乎不眠不休才完成的

第五章
想成为大丈夫，就要有大胸襟——宽容的男孩心态更好

成果，因此十分看重，也很紧张，下楼的脚步都小心翼翼的，就怕有意外。

没想到，怕什么，来什么，在楼梯拐角，灯泡还是掉到了地上，摔碎了。

助手吓呆了，半天才回过神，垂头丧气地找到爱迪生，把灯泡碎了的消息告诉了他，然后等着爱迪生的怒火。

爱迪生知道这件事后当然很生气，但事实已经发生，他发脾气也不能挽回，而且这个助手之前一直尽职尽责，这次也是因为太紧张才出现失误的。他再如何苛责也不能让灯泡完好无损，只好交代助手以后要小心，便继续加班加点，去制作第二个灯泡了。

有过一次成功的经验，第二个灯泡很快就做好了。

这次，爱迪生还是叫来了之前的助手，把灯泡交给他："这次一定要小心。"

助手之前一直担心自己会因为失误而不再被爱迪生信任，接过制作好的灯泡时还有些吃惊，听到爱迪生的吩咐后，郑重地说："谢谢您的信任，这次我一定会把灯泡安全送到实验室的。"

☆ ☆ ☆

故事中的助手打碎了爱迪生辛苦创造的灯泡，让爱迪生的心血毁于一旦。爱迪生虽然沮丧，却并没有过分责怪助手，反而体谅他的难处，在第二次时没有忘记鼓励他，而对爱迪生充满感激的助手再也没有出现上次的失误。由此可以看出，大度地原谅他人，而非揪着他人的错误不放，最后以德报怨，反而对自己有一定的帮助。

有些时候以德报怨，是为自己的前行道路铺下垫脚石，最终得到好处的依然是自己。

☆☆☆

有个商人做生意失败了,每日借酒消愁,还到处生事,惹得人人厌烦他。

很快,商人把最后一点资产也败光了,身无分文,又居无定所,开始四处讨生活。

有个男人见他可怜,决定帮他一把,让他在自己家里暂住,鼓励他重新振作起来。但商人却听不进去,对男人的收留也没有太多的感激。

有一次,商人偷了男人家的东西去典当,换来的钱全都拿去买酒喝,却在回男人家的路上被车撞伤。正巧被也要回家的男人看到,赶紧送他去了医院,并替他垫付了医药费。

朋友知道男人救了商人后很生气,问他:"你收留他,他不感激反而偷你的东西去换酒,被车撞是报应,你还管他干什么?"

男人摇头笑道:"这是两码事,我不能看着他受伤而不管他啊!而且他现在只是低谷期,我相信他一定能重新振作起来的。"

男人的话正巧被商人听到,商人十分后悔,出院后一改往日颓废的模样,不仅把男人当成恩人,还重新找了份工作,慢慢积攒本金,想要东山再起。

☆☆☆

故事中的商人做生意失败,好心的朋友收留他,他不知感谢还偷盗他的财产。当再次面临灾难时,朋友又不计前嫌地帮助他,以德报怨,最终唤醒了这位商人的良知,让他重拾信心,开始了新生活。

当面对他人的伤害时,如果他人没有涉及原则性的问题,并且没有对自己造成非常严重的伤害，男孩要学会以德报怨，不要过于将他人的错误放在心上，用自己的大度和善良打动对方，为自己赢得好人缘。当然，没有原则的善良就是软弱，如果对方的错误给自己带来了非常严重的伤害，那么一定要及时制止对方，表明自己的态度，不能让他人觉得自己是个没有原则的人。

以德报怨，是一种美德，只有大度宽容的人才能做到。作为男孩，在面对矛盾冲突时，要学会以德报怨，学会原谅他人，用自己的真诚和善良打动对方，这样也会为自己的生活带来更多机会与快乐。

宽容的男孩更受欢迎

一个什么样的人更受欢迎呢？

当然是宽容的人！一个宽容的人必然心态平和，为人随和，与人的相处中能够让别人更加舒服和愉快。与宽容的人相处，不用任何时候、任何事情都必须小心翼翼，不必将许多精力浪费在没有必要的社交中，这更加有利于朋友之间维系感情、增进友谊。

宽容的男孩像一轮太阳，给别人温暖舒适的感觉；宽容的男孩更加容易交到朋友，人生之路也能越走越宽广；宽容的男孩会让自己的生活充满阳光和乐趣，在与人交往的过程中浑身散发着正能量。这样的男孩会让人忍不住想要靠近，会给他人带来非常愉快的交往体验。

因此在生活中，宽容的男孩更加受人欢迎。

☆ ☆ ☆

一座寺庙里生活着一个老和尚和一个小和尚，小和尚很调皮，每天晚上都会偷偷出去玩耍，但老和尚总会早早地关闭寺门，没办法，小和尚就在墙角藏了一个木凳，每天蹬着凳子翻墙出去玩。

有一天，小和尚又踩着凳子翻墙出去了。老和尚晚上在院子里纳凉，不经意间发现了木凳。

老和尚在寺庙里找不到小和尚的身影，猜到了木凳的用途，心里担心，就把木凳挪开，自己坐到了木凳放置的位置上。

小和尚玩到半夜回来，翻过墙一脚踩在了老和尚的光头上。

"师，师父……"看到老和尚，小和尚吓坏了，差点摔倒在地上。

老和尚连忙一把抓住他，没有责怪他贪玩，也没有责骂他踩到自己，而是平静地说道："以后出去玩不要这么晚回来，晚上天凉，多加件衣服。"

"是，师父，谢谢师父。"小和尚感激地告别老和尚，从那以后再也不偷溜出去了。

☆☆☆

故事中的老和尚教育小和尚时并没有说教或者打骂，而是默默用自己的宽容和聪慧让小和尚改正错误，不再贪玩。由此可见，当他人出现错误时，有时候宽容要比说教打骂更加有用。

宽容是一种温柔的力量，就像晴天的太阳，不知不觉中给人以温暖和舒适。宽容的男孩必定是善良的，因为只有心怀慈悲才能宽以待人。宽容的男孩也必定是温和的，因为只有温和平静的心和宽大的胸怀才能容纳不美好。当然，生活也不会亏待宽容的人，必定会以更多的美好来回报。

第五章
想成为大丈夫，就要有大胸襟——宽容的男孩心态更好

☆ ☆ ☆

张兴和王大是邻居，两家的房子都有些破旧了，都想重建一番，但因为都想多占一尺地而争执了起来。

张兴说："我们家人口多，就应该多占，你们家才三口人，要那么大房子干什么？"

王大说："我们家东西多，自然要多占点地皮，多建间屋放杂物。"

两家人争执不休，差点打起来。

张兴有个弟弟在读大学，张兴觉得弟弟有学问，经常向他讨主意，这次的事也打电话向他求救。

弟弟听了事情的来龙去脉后，想起了清朝宰相张廷玉"六尺巷"的典故，就对张兴说："一国宰相都能让地三尺，咱们家让一尺又何妨。"

第二天，张兴果然让地一尺，盖起了房子。

王大见他如此行事，问清了缘由后，臊得脸通红，说道："是我糊涂，我们家人口确实少，还是我们家让一尺地吧。"

☆ ☆ ☆

故事中提到的"六尺巷"的典故非常著名，而文中张兴的弟弟就是受张廷玉的影响，也学着做一个宽容的人，主动让出一尺地。他们的宽容大度也影响了邻居，于是邻居也让地一尺，使原本一件僵持不下的事情因为彼此的宽容大度而轻易解决。

其实生活中的矛盾都是如此，如果能够宽容一点，那么绝大多数的矛盾都可以被化解。因此保持一颗宽容的心是生活保持快乐的根本。

作为男孩，要努力修炼自己的宽容之心。首先，要学会接受他人犯错误。有的人无法原谅他人的错误，即使对方不是故意的。这样的人会显得十分苛刻，也会让自己的心情随时随地都受他人影响。因此作为男孩，要能够接受他人犯错，要明白没有人能够永远正确，犯错是非常正常的。其次，不要做一个过于敏感的人。一个内心敏感的人总会对他人的一言一行过于在意，再加以琢磨揣测，很可能会产生误会。因此如果自己是一个敏感的男孩，要学会克制自己过于敏感的内心，让生活变得更加简单。最后，要学会"装糊涂"。"装糊涂"是一门技术，在不同时候具有不同的用途。例如当他人犯错时，适当"装糊涂"能够让他人更加"有面子"。因此作为男孩，不妨在该糊涂的时候适当"装糊涂"。

宽恕他人也是善待自己

有这样一句话：生气是拿他人的错误来惩罚自己，由此可以得出这样的结论：宽恕他人的错误，其实是善待自己。

一个不懂得宽恕他人的人，总是将他人对自己的不好放在心里，如鲠在喉，让自己心里非常不快。长此以往，也会对他人产生意见，影响自己的人际关系。

一个不懂得宽恕他人的人，必定是心胸狭隘的人。心胸狭隘，会让一个人变得敏感多疑，也容易让人失去准确判断身边的人和事的能力。当然，一个心胸狭隘的人在与人相处的过程中自然也不会很顺利。

对他人的错误总是耿耿于怀，其实也是对自己的惩罚，既影

第五章
想成为大丈夫，就要有大胸襟——宽容的男孩心态更好

响自己的心情，干扰自己的注意力，也让自己变得气量狭小，失去绅士风度。因此作为男孩，要学会"得饶人处且饶人"，学会原谅他人的错误，学会接纳并不完美的人生，学会善待别人，也善待自己。

☆ ☆ ☆

男孩喜欢打篮球，但他初学，不仅打不好，还总是被篮球"欺负"，一会儿被篮球"打"到脸，一会儿又被篮球砸到身上。

男孩十分生气，决定要报复这个讨厌的篮球。男孩找来很多黑墨水，给篮球画了个丑陋的大黑脸，这才消了气，重新打起球来。

可没过几分钟，男孩就后悔了，他停下来说道："哎呀，不拍了，我的手都疼了，手上、衣服上全是黑墨水，真是狼狈。"

这时，和男孩一起练球的朋友走过来说道："你看，你希望报复篮球，结果倒霉的事却落到了自己身上。所以，你这样怨恨、报复的到底是谁？是你还是篮球？"

男孩听到朋友的话惭愧地低下了头，他这才明白，自己做了多么愚蠢的事情，没惩罚到篮球，却害得自己更惨，真是得不偿失。

☆ ☆ ☆

故事中男孩的做法未免有些幼稚，但是生活中这样的现象却并不少见。有的男孩在面对问题时总是习惯于将简单问题复杂化，并且容易将责任推卸给他人或者客观条件。即便如此还是不能"放过"自己，如同故事中的男孩一样，在"惩罚"和"报复"中也伤害了自己。

作为男孩，要学会对他人、对自己大度一些。对于他人犯的错

误，在没有涉及自己的原则时，要学会"得饶人处且饶人"，不要过分计较；更不要总是将他人的过错放在心上；也不要"自寻烦恼"，将自己的意愿强加在他人身上，以免既没有让他人接受自己的意见，也让自己十分不开心，甚至影响自己的人际关系，得不偿失。

☆ ☆ ☆

有个男人对身边的事物总是十分宽容，就算曾经得罪或伤害过他的人，他也能在再次见面的时候面带笑容。

很多人觉得他傻，就问他："那些人曾经伤害过你，为什么你不报复他们，反而还要对他们笑？"

男人说："我为什么要报复他们？那样做又不会使我变得快乐。"

又有人说："就算不快乐，也出出气啊，你难道不会生气吗？"

"我当然会生气，但我原谅他们，只是想善待自己，不想让自己变得更生气罢了。"男人说道。

"原谅他人是善待自己？这是什么逻辑？"

"当我生气的时候，气的只是我自己，我生气的对象没准正笑得开怀，那我为什么还要生气呢？而原谅对方的时候，自然就会忘记生气，我也会因此变得开心，这不正是善待自己吗？"男人笑着说。

☆ ☆ ☆

故事中的男人是个对他人十分宽容大度的人，实际上他也是对自己宽容大度。正如他自己所言，当自己生气时，如果对方不知道，并且保持高兴，那么自己将白白生气一场。原谅他人，不为他人的过错而纠结生气，不为他人的过错而影响自己的生活，这才是

第五章
想成为大丈夫，就要有大胸襟——宽容的男孩心态更好

真正的人生智慧。

如果将生活中的不愉快比作阴霾，那么所有的高兴便是最温暖的阳光。生活中还是阳光更多一些，因此不能为了偶尔的阴霾而忽略美丽温暖的阳光。对人对事亦是如此，不能因为一些不愉快而忽略更多的美好和快乐。因此，作为男孩，一定要学会原谅他人的错误。

要想让自己学会宽恕他人，首先，要学会不要太过苛责他人。有的人是"完美主义者"，不允许自己不完美，也不允许他人出现错误。但是这个世界上并不存在完美的人或者事物，"完美"与否其实与自己的心态和对待问题的方式有关。如果男孩是个"完美主义者"，那么在对待他人时要尽量控制自己的"完美主义"，不能太过于苛责；否则，会让他人压力很大，也会影响自己的心情和人际关系交往。

其次，要学会疏导自己的情绪，让自己能够更加平和和乐观，学会宽容待人。很多时候，有的男孩不是不能原谅他人的错误，而是过不去自己心里的"坎"。这种情况男孩就要学会疏导自己的情绪，帮助自己及时调整心态，学会放下，给自己的心情减负，告诉自己其实没什么大不了的。只有放下了心里的包袱，才能真正学会宽恕。

最后，作为男孩，要敢于承担责任，要做一个有担当的男子汉。当生活中出现问题时，不要只顾着指责或者推卸责任，而是要分析问题的症结所在，及时寻找补救措施，积极解决问题。长此以往，男孩会给人一种有担当、有能力、有责任心的感觉，会让男孩的人际关系和处理问题的能力得到改善和提高。

第六章

做善事让自己内心富足

——善良的男孩更受欢迎

一个人最珍贵的品质是什么？是善良。同情心是善良的表现方式之一，一个有同情心的男孩必然是温暖的。当然，真正的男子汉也会恪守自己的原则，不会因为过分的善良而显得软弱。

男孩要有好性格

帮助他人是一种快乐

人们常说:"助人为快乐之本。"那些经常向他人伸出援手的人,总会比一味索取利益的人更快乐。帮助身边的同学,男孩就可能收获一段深厚的友谊;帮助街坊邻里,男孩就可收获和谐的邻里关系。热爱帮助他人的男孩,自己遇到困难时,也能得到他人的帮助,生活会更加快乐、顺利。

☆☆☆

有个男人很喜欢帮助他人,他每个月的工资基本上都用来帮助需要帮助的人了,这使得他自己的生活过得有些拮据。

男人的朋友很不解,问他:"你的工资为什么要拿去帮助他人呢?自己用来改善生活不是更好吗?"

"可是我对现在的生活也很满足啊!"男人笑着回答道,"虽然我穿不起名牌衣服,用不起奢侈品,但我衣食不愁,还有余力帮到其他人,这样的生活更让我快乐。"

"你把钱都用在他人身上,还感到快乐?"朋友更加不理解了。

男人点头说:"是的,我很快乐,帮助他人使我的心情愉悦,这比我拥有穿不完的衣服、花不完的钱快乐多了。"

☆☆☆

故事中的男人以帮助他人为快乐,即便自己因此生活拮据,也不放弃助人为乐的追求。有人说,帮助他人就像把自己的两块糖分一块给他人,在让他人品尝到甜蜜的同时,自己也能尝到甜蜜的

第六章
做善事让自己内心富足——善良的男孩更受欢迎

味道。快乐好比阳光,能够普照我们内心的每一个角落,无论何时何地,只要慷慨地把援手伸向他人,我们就能体会到人生的快乐。

何谓快乐?得到是一种快乐,给予也是一种快乐,快乐不只来源于物质的满足和享受,更来源于精神的富足。一个过于看重个人利益的人,即便拥有堆积如山的物质财富,也不能填补内心的空虚。他如果能够打开自己狭隘的心胸,主动帮助他人,就能在帮助他人的过程中获得更多幸福,在温暖他人的过程中温暖自己,让快乐充满自己的内心世界。

☆☆☆

一个成功的商人新买了一辆汽车。

有一天,他正在家门外擦洗车身的时候,一个乞丐慢慢地走了过来。

"我希望他别开口管我要钱。"商人想远离这个乞丐,但是他的车子还没清洗干净。

幸好乞丐没有在他身边停留,慢慢地走了过去。

商人刚松了一口气,却发现走开的乞丐又回来了。

"难道刚才没看到我,现在看到了,回来要钱来了?"商人心情浮躁。

但乞丐却在来回走了一会儿之后,坐在了离他不远的地上,似乎在看着他的车子发呆。

商人很不高兴,假装没看到乞丐,但几分钟后,乞丐突然说:"您的车子真漂亮!"

商人看了乞丐一眼,一边继续擦车一边回答道:"谢谢"。

"一定很贵吧。"乞丐又说。

"看看,果然要开口要钱了吧"商人不屑地想。

商人本来以为接下来乞丐会开口向他要钱,但是乞丐却一直没有说话,两个人都沉默着,有些尴尬。

商人突然觉得自己太冷漠了,于是他开口问:"你是不是需要什么帮助?"

乞丐却说:"不,你汽车旁边有一些玻璃碴,我怕你不小心伤到自己需要帮助,或者是倒车的时候划破车胎,所以才在这里不动的。虽然我是个乞丐,但我很喜欢帮助他人时的快乐感受。"

☆☆☆

故事中的乞丐虽然很穷,但他有一颗热爱帮助他人的心,也总能从这一过程中体会到快乐;反之,商人虽然很富有,但他很吝啬自己的爱心,不愿意帮助他人,所以很难体会到生活中的快乐。一般而言,当我们帮助他人时,会产生一种被需要、被肯定的感觉,因为自己的价值得到他人的认可,所以内心会感到快乐。

我们看到他人愁眉苦脸时,如果主动送上一句问候,伸出一只援手,可能不仅让对方喜笑颜开,而且自己会因为受到感染而变得开心。如果因为我们的能力解决了他人的困难,那么我们自己也会产生成就感和满足感。人生在世,我们如果能够伸出一双热情的双手,竭尽所能地帮助他人,则会感受到无尽的快乐。俗话说:"送人玫瑰,手有余香。"只要热情地奉献自己的爱心,内心就会充满快乐。

生活在大千世界的每一个人,都渴望拥有幸福而快乐的生活。我们在帮助他人时,也能把这种习惯传递给其他人。大家相互传递、相互学习、相互感染,快乐就会一步步传递给更多人,如此一来，整个社会都会形成助人为乐的气氛。那么，当我们遇到困难、难以自我解决时，他人也会奉献自己的爱心，给我们送来关心和帮助。人生是公平的，我们付出爱心和力量后，会得到各种方式的回报。播种善行，就能收获善行；给予关爱，就能收获关爱。所以，男孩要养成助人为乐的性格，让自己的人生更精彩。

不要忽略身边的小善举

"只要人人都献出一点爱，世界将变成美好的人间。"这句歌词告诉我们，只要不吝啬自己的善心，随手做善事，就会感染身边的人，并传递给更多的人，从而产生催化作用和循环反应，拥有巨大的力量。社会好比一个大家庭，而生活在这个社会中的每个人，都是这个大家庭中的一分子，应该相互友爱、帮助。善良是每个人都应尊崇的道德品质，是每一个男孩都应养成的性格。每个男孩都不应忽略生活的小善举，这样我们的社会才会充满爱心，才会更加和谐、美好。

☆☆☆

商人有两匹驮货的马，一匹棕色，一匹黑色。

每次进货，商人都会把货物放在两匹马身上，让它们帮忙把货物带回家。

有一次，商人要把一批货物运送到另一个遥远的国家，同样又牵来了黑马和棕马，让它们帮忙运货。

黑马长得很健硕，但棕马个头有点小，最近还有些生病。

于是棕马请求黑马："黑马朋友，能请你帮我驮一点东西吗？

对于你来说，这不算什么，对于我来说却可以减轻不少负担，否则我会累死在半路的。"

黑马很不高兴地答道："凭什么我要帮你驮东西，我现在十分轻松，帮了你，不是增加我身上的重量吗？我才没这么傻呢。"

棕马只好咬牙坚持，但它本来就有病在身，加上路途遥远艰辛，没走一半的路程，就累瘫在地，商人怎么赶它都站不起来。

商人没办法，只好休整一天，一天后，棕马还是很疲惫，商人见黑马还十分精神，就把所有的货物加在了黑马身上，让棕马轻松地跟在他们身后赶路。

黑马这才后悔万分，如果当初它帮一下棕马，也不至于落到如此地步。

☆☆☆

故事中的黑马如果答应棕马的请求，为其分担一些货物，棕马就不会累倒，它也不用承担所有的货物。所以，即便是很小的善举，我们都不应该忽视。作家冰心说："创造新陆地的，不是那滚滚的波浪，却是底下细小的泥沙。"每个人的能力都不一样，所做的善举也有大有小，但只要满怀爱心，从身边的每一件小事做起，不放过任何一件小善举，就可以积善成德。小善举的力量虽然微小，但积累到一定程度，也会发生巨大的正能量。人间大爱，大都是由无数小善举组成的。

其实，善行本来是没有大小之分的，只是每一种善行对社会造成的影响力不同，由此，善行才有大小之分。"合抱之木，生于毫末。"即便是非常微小的事物，大量累积起来后，也会产生震撼人心的强大力量。例如被世人所知的"工地妈妈"严晓红，十几年来

第六章
做善事让自己内心富足——善良的男孩更受欢迎

一直照顾着工地上的留守儿童,给孩子们送去母亲般的温暖;医护人员街头跪地抢救晕倒的病人等。这些人并非伟人,但他们常怀善心,坚持在生活中、岗位上行善,做一些力所能及的事情来帮助他人。如果每个人都能这么做,那么社会将充满阳光。

☆☆☆

吴亮新买了一辆汽车,周末的时候,高兴地开着自己的新车外出。

开到一条街道时,他看到一个男孩站在路边,每过一辆车,这个男孩就会向车上扔一块石头。

车主都骂骂咧咧的,但是没有一个人停下来向男孩询问。

吴亮的车开到男孩旁边的时候,不意外地也收获了一颗石头。

石头"砰"的一声砸到了车门上,车门被石头划出了一道很明显的痕迹。

吴亮生气地停下车,责问男孩:"你为什么要在这里砸车?你的家人呢?他们就是这样教育你的吗?"

男孩也很生气,"我不砸你的车你会下车吗?你看我前面砸了那么多车都没人下车,你们大人太讨厌了。"

"为什么要砸车?"吴亮被男孩的理直气壮弄懵了,反而忘记了生气和教训男孩。

男孩着急地说:"我的爸爸妈妈在前面那座山上摔伤了腿,我来这里求救,但没有一个人肯停下车来帮我,所以我只好砸车,希望他们生气后能下车,这样我就有解释的机会了,但只有你停了下来。叔叔,对不起,我会赔钱给你的,你能帮帮我,救救我的爸爸妈妈吗?"

吴亮听后十分惭愧，连忙让男孩上车，赶去救他的爸爸妈妈。

而他车上的划痕，没让男孩一家赔偿，自己也没有修补，因为他要用这道痕迹来提醒自己，不要忽略身边的小善举。

☆☆☆

故事中的吴亮不但没有计较男孩的错误，还救助了男孩的爸爸妈妈，如果每个人都有这份爱心，那么小男孩也不至于用丢石头的方式来求助。所以，做善事要从身边的小事做起，有时一件小事也能给他人带来很大帮助。

每一个善举都有一定的力量，就好比春风化雨、润物无声，能够悄然地影响我们的生活和社会。男孩要坚持从身边的小事做起，不断积累善行，逐渐提升自己的道德素养，成为一个善良的人。例如，看到大街上有垃圾、钉子等物品时，将其捡起来放进垃圾桶。这种小善举传递下去后，经过积累，就会汇成无疆的大爱。

过分的善良就是没有原则

每个人都知道，善良是一种高尚的品德，但善良也是有条件、有原则的，没有原则的善良，无论是对他人还是对自己，都百害而无一利。在日常生活和学习中，如果男孩一味迁就、满足他人，就会让自己陷入痛苦，同时也会纵容对方，让对方不珍惜你的善良。任何时候都无条件帮助他人的人，不但会影响自己的生活，还会被人看轻，甚至被他人嘲笑和欺负。

☆☆☆

在一个寒冷的冬日，天空飘着洁白的雪花，一个农夫在路上突

第六章
做善事让自己内心富足——善良的男孩更受欢迎

然被什么东西绊倒了。

"咦？这里有一条冻僵的蛇。"农夫看到绊倒他的是一条蛇，因为天冷，蛇已经冻得失去了知觉，"如果再这样冻下去，肯定要死的。"

农夫想救蛇一命。

这时候，迎面走来一个男人，男人见他要救蛇，就说："农夫，不要救蛇，它是毒蛇，醒了会咬你，你会因此丧命的。"

农夫却说："我是个善良的人，我不能眼睁睁看着这条蛇被冻死。"

"善良的人也要讲原则啊，它是忘恩负义的蛇。"男人说道。

农夫没听男人的话，还是把蛇捡了起来，小心翼翼地放进了怀里，用暖和的身体温暖着它。

没多久，蛇被救活了，但在蛇醒的那一刻，蛇的毒牙咬在了农夫的胸口，就这样，农夫被毒蛇咬死了。

☆☆☆

这则故事是在告诉世人，不要轻易同情坏人，更不要轻易把坏人当作好人，因为有的坏人是不懂感恩的，甚至会恩将仇报，最终受到伤害的反而是善良的人。

有人说，故事中的农夫太傻了，连毒蛇都救。生活中这种善心泛滥的人有很多，他们不论好人还是坏人，都会竭尽所能去帮助，结果往往伤害了自己。例如街上行乞的人，有的的确是受生活所迫，不得已才过上行乞的生活；有的则是由行骗团伙操作的，他们放大自己的困难，只是为了博得大家的同情，借此骗取好心人的钱财。我们如果对这种人行善，就是在助纣为虐。

男孩要有好性格

坊间流行这样一句话:"善良不是懦弱,而是强大到不怕吃亏。"这句话有其正确的一面。当我们变得强大后,从来不会向不好的人或者事低头,而是勇敢地坚守原则,大胆地说"不"。作家慕颜歌曾经说过:"如果你习惯了吃亏,习惯了沉默,习惯了委屈自己,习惯了不拒绝所有人,那么你便会忘记,其实你可以有态度,可以有观点,可以有能力,可以过你自己想要的生活。"这是告诉我们,善良和做人一样,都要有底线和原则。越善良的人,就越要有自己的原则,有自己的锋芒,不让自己受到伤害。

☆☆☆

东郭先生前往中山国求官途中遇到一只受伤的狼,狼说:"先生救命,我一定会报答你的。"

东郭先生心善,就把狼装进了装书的口袋里。

狼因此逃过一劫,从口袋里出来后,却转脸不认账,不仅不报恩,还要吃掉东郭先生。

"刚才得亏你救我,使我大难不死。现在我饿得要死,你为什么不把身躯送给我吃,将我救到底呢?"狼大言不惭地说道。

东郭先生十分气愤,却又打不过狼,于是提议找三个人评理,如果他们都说狼该吃掉他,那就不再挣扎,任狼吃掉。

他们第一个找到的是一棵老杏树。

老杏树说:"我的主人十几年来吃我的果实,用我的果实卖钱,但我现在老了,结不出果实了,他就要卖掉我的躯干换钱。我对主人如此恩情都这样结果,狼吃你是应该的。"

狼很得意,又遇到一头驴子。

驴子说:"我替主人拉磨十载,如今我老了,拉不动了,他们就要杀我吃我的肉。我对主人如此恩情都难逃一死，狼吃你是应该的。"

东郭先生十分沮丧。

这时候，有个老人走了过来，东郭先生急忙向老人讨理。

老人听后，对狼说："我不信他小小书口袋能装得下你，如果能装下，那他确实应该被你吃掉。"

狼听了很高兴，当即让东郭先生绑了自己四肢，又钻进了书口袋。

说时迟，那时快，老人迅速地绑紧了书袋口，找来一根木棍把狼打死了。

☆ ☆ ☆

故事中的东郭先生面对恶毒的狼，不但不想办法除掉它，还给它吃掉自己的机会，多亏老人急中生智，替他除掉恶狼，否则后果不堪设想。过分的善良就是软弱，是对坏人的纵容。

社会需要尊重善良的人，但绝不需要过分善良的人。这种人做善事没有原则、缺乏理性，很容易让自己和他人受到伤害。善良也是需要智慧的，该帮助他人时，我们应该毫不犹豫地伸出援手，但如果遇到不应该帮助的人，就要果断拒绝。真正的善良和善举，其实也是用智慧来完成的，只有有原则、理性的善举，才能给自己和他人带来快乐。

爱和善良，要用行动表示

有人说，"真正善良的人应该是一个注重行动的人。"的确，有的人整天说要帮助他人，而实际上从未采取过任何行动，这种人并非真正善良的人。当今社会，善良的人分为三种，面善的人、伪善的人和真善的人，面善和伪善的人，表面看起来都十分善良，实则很少做帮助他人的事情；而真善的人永远都在践行善举，默默无闻地向周围的人传递正能量。所以，善良不是通过自我夸奖、自我肯定体现出来的，而是用实际行动一点点塑造的。

☆☆☆

男人死后见到了天使，天使笑着对他说："因为你生前行善，所以你可以选择住在天堂还是地狱。"

"那么天堂和地狱有什么区别呢？"男人问道。

"我亲自带你去看一看吧。"

男人先跟着天使来到天堂，天堂里的每个人都穿着朴素，但脸上都带着微笑，大家亲切地向男人问好。吃饭的时候，天堂里的餐桌上准备着丰盛的食物，每个人手里拿着一双长长的筷子去夹盘子里的饭菜。

"这么长的筷子，他们要怎么吃到嘴里？"男人好奇地问天使。

天使笑而不语。

下一刻，男人得到了答案，他们夹起饭菜并不是自己吃，而是喂给对面的人，这样大家都能吃到饭菜。

接着，男人跟着天使来到了地狱，这里的一切都比天堂华丽得多，人们穿着锦衣丽服，面前摆着的也是最奢华的食物，但是每个人都骨瘦如柴，饿得连动都动不了了。

"怎么会这样？"男人很吃惊。

天使说："因为地狱里的人心中没有爱，有些人说自己爱世人,但他们的行为却是无爱的。而生活在天堂里的人不仅有爱,还用行动证明了自己的爱。"

男人恍然大悟,选择了在天堂生活。

☆ ☆ ☆

故事中的男人在天堂里看到,大家之所以过得快乐而幸福,是因为他们用实际行动来表达自己对他人的爱;地狱的人则不同,他们表面看起来相互关爱,实则只为自己谋私。日常生活中,每个人都会遇到各种困难和问题,都需要他人的关心和帮助。当然,一句问候和安慰也能给对方带来温暖,但如果我们有能力,还是要用具体行动来帮助他们解决问题。

爱和善良,用语言和情感来表达也是很关键的。例如当别人遇到困难时,如果我们没有能力帮助他,可以说一句"希望你能渡过难关"或者"一切都会好起来"等,也能够给对方一些心理安慰。

每个人对爱和善良的表达方式不同,有的人即便是很关心对方,很想帮助对方,但不明说,这样其实不利于互相的理解。所以,向他人表达自己的爱和关心很重要。以对他人的关爱为例,比如朋友的生日,或者节日期间,我们明确地向他人表达自己的祝福,可以采取面对面的方式,或者打电话、发短信、发微信的方式。

对于比较亲近的人,除了语言上的关爱外,我们还要用行动来表达自己的心意。毕竟说得好听不如做得漂亮更能给人带来温暖。例如动手给朋友做一张贺卡,帮助妈妈做一些家务等,这样的行动更能表达自己对他们的关爱。

☆ ☆ ☆

有个社会学家为了做一项研究调查将城市分成了几个区域,对每个区域里的孩子进行了调查和评估,然后发现越是贫穷的区域,孩子成长为出色的人的概率越低。

社会学家进一步对贫穷区域的100名儿童进行了评估,发现这100个孩子里面,竟然几乎没有一个人能成长为出色的人。这让他颇为失望,开始重点观察其他区域的孩子,而逐渐忽视了贫穷区域孩子的发展和成长。

二十年之后,社会学家一直关注的其他区域的孩子都如同他所评估的那样,有的成功,有的平庸,有的一文不值。社会学家突然想起了贫穷区域的孩子们,就找来了当初那100个孩子的资料,却发现了一件意料之外的事情。

当初被他评估很难成为出色的人的100个孩子中,竟然有一半以上的孩子摆脱了贫穷,有了崭新的身份,有的当了律师,有的当了医生,还有一个孩子竟然成长为出色的政客,真是太不可思议了。

社会学家着手调查这一不可思议现象的原因,最后发现,这些人都被同一名教师教导过,也是被那名教师教导过后,才出现了不一样的变化。

社会学家找到那位教师,问他:"您是怎么改变他们的人生轨迹的?"

教师笑着回答道:"我什么也没做,只是喜欢孩子,爱他们,并且用实际行动证明着我的爱。"

☆☆☆

故事中的老师用实际行动来爱他的学生们,让学生们切身感受到了温暖和爱,从而奋发图强,取得了优异的成就。所以,男孩在生活中要注意用行动表达自己的爱和善意,把善良和关爱的举动变成性格中的一部分，让其伴随自己不断成长、进步，成为一个善良、有爱心的人，让自己的生活更加充实、美好。

作为男孩，要学会向身边的人表达自己的情绪，传递自己的关爱和友善。对待父母，要心怀感恩，经常对父母说"我爱你们""谢谢"等，让父母感受到自己的关爱。男孩得到他人的帮助时，也要学会回馈他人，说声"谢谢"。

善良是一个人性格中最柔软、最美好的部分。因此，男孩要学会将自己的善良和对他人的爱用行动表达出来，带给身边的亲人和朋友温暖，让他们能够在自己的关爱中更加快乐。

有同情心的男孩最温暖

每个人都是社会中的一员，身为社会的一分子，要相互协助、相互支持，而同情心是促使大家如此做的一大动力。当他人遇到困难时，很多人都会将此事联想到自身，由此便会产生同情心，并伸出援手。男孩应该培养自己的同情心，关爱身边的人，给大家送去温暖，这样不但能提升自己的道德素养，还可以得到更多人的喜爱。

☆☆☆

上体育课的时候，突然下起了雨，有一个班正在进行户外活动，大部分同学都被淋湿了。

下雨天冷，很多同学穿着湿衣服打起了喷嚏。

"这样下去大家会感冒的，去其他班级借几件干衣服换上吧。"老师让班长去其他班级借衣服。

班长也冻得打哆嗦,听了老师的话后高兴地去借衣服了。

"我们班同学淋湿了,谁有多余的衣服能借两件吗?"班长挨个班级询问。

"这雨没准会下到放学的时候,到时候我也会冷的,衣服不能借给你。"一个同学说道。

"看你这个样子会不会已经感冒了?万一我把衣服借给你我被你传染感冒了怎么办?"另一个同学说。

"我的衣服是新买的,我自己还没穿过呢,借给你们我还怎么穿?"还有同学说。

结果,跑了很多班级,班长也没借到一件衣服。

"太没同情心了。"班长在老师面前呜呜哭道。

☆☆☆

故事中的班长之所以感到沮丧,是因为其他班级的同学缺少同情心,导致他在需要帮助的时候,没有人向他伸出援手。同情心是人类和睦相处的催化剂,能够给正在困难之中的人一些安慰,推动他们勇敢地向前走。所谓同情心,就是对他人的遭遇或者对某件事产生同感,从而油然而生的怜悯之心。孟子曰:"恻隐之心,人皆有之。"当他人发生不幸的事情时,其他人都会努力相助,因为大家都有同情心。

生活中有的人的确缺乏同情心,他们不能设身处地地为他人着想,也不会与他人的情感产生共鸣,所以不会对需要帮助的人伸出援手。没有同情心的人会被人说"冷血","冷血"的男孩很难得到他人的认可,在交友方面也会不尽人意。

第六章
做善事让自己内心富足——善良的男孩更受欢迎

☆☆☆

小玄和莱莱是好朋友，有一次他们去公园玩耍，小玄带了很多食物，准备中午和莱莱在公园野餐。

"我带了香肠、面包、苹果、香蕉……中午我们慢慢吃，玩到天黑再回家。"小玄兴高采烈地说。

"我也带了很多零食，一会儿咱们一块儿吃。"莱莱也很期待和好朋友的这次公园野餐。

两个人在公园里玩到大中午，这才摸着咕咕叫的肚子找了个阴凉的地方吃东西，吃着吃着，莱莱发现远远地跑过来一只小猫，小声地冲着他们喵喵叫。

"嘿，有小猫。"莱莱说道。

"它是不是饿了？好小好瘦啊。"小玄拿了根香肠逗小猫。

小猫一开始很害怕，但见他们并没有伤害它，逐渐地胆子大了起来，慢慢地靠近，吃起了香肠。

"真可爱。"莱莱笑道："我们一会儿给它留点食物吧，太可怜了，是不是和妈妈走散了啊。"

"好啊，要不然我们帮小猫找妈妈吧。"小玄提议。

"好啊。"

于是，两个人给小猫找了一下午的猫妈妈，结果还真在一个灌木丛里发现了猫妈妈。

他们把小猫放下，又留了很多食物，这才高兴地离开了。

☆☆☆

故事中的两位小朋友非常有同情心，即便是对待小动物，也热心帮助。同情心是一个人必不可少的品德，能够给他人送去温暖，让我们的社会充满人情味。

同情心也是善良的表现。一般情况下，同情心不只体现在情感和精神方面，还体现在行动方面。在日常生活中，我们如果遇到需要帮助的人，应该拿出同情心和具体的行动，给需要帮助的人更多的支持。例如，把自己的零用钱捐给希望工程；为灾区居民献爱心、捐款捐物等。一些没有同情心的人，往往更重视自己的利益，做事首先要满足自己的蝇头小利。

同情是出于对他人的关心、爱护，双方处于平等的位置，享受着与任何功利都无关的情感，而不是一种居高临下的炫耀。所以，在对他人表达同情心时，要注意态度和方式。例如，给行乞者一些钱财和食物时，应该表达基本的尊重，而不是把钱币或者食物扔给对方。施予钱财本来是善举，应该得到他人的赞赏，但如果态度不恰当，就会被大家所诟病。

第七章

要做大男人，但不要"大男子主义"
——谦逊的男孩更受人尊敬

真正的男子汉懂得谦逊、礼让。真正的男子汉如同饱满的稻穗般低着头颅，懂得向他人学习。真正的男子汉明白忠言逆耳，因此也能从善如流。但谦逊不是否定自己，而是一种尊重他人的姿态，因此一个谦逊的男孩不会被他人鄙视，反而更值得他人尊敬。

拒绝骄傲：颗粒饱满的稻穗是低着头的

"满招损，谦受益""谦虚使人进步，骄傲使人落后"，这些话都是前人留给后世的真理名言，是一个人成长过程中必须养成的性格要素，也是在告诫世人，做人要像颗粒饱满的稻穗一样谦逊，不可骄傲自满。有的男孩在取得阶段性的成功后，会变得很自信、很开心，同时也很有可能被成功冲昏头脑，变得骄傲自满。而人一旦骄傲起来，就很难看清自己以及身边的人和事，从而一步一步走向失败。

☆☆☆

有一个男生学习成绩非常出色，他因此骄傲起来，觉得身边的人全是笨蛋，全都比不上他聪明。

有一次，他的同桌遇到一道难题，就向他请教。

男生鄙视地看了同桌一眼，嘲笑道："这么简单的问题都不会，你长的是猪脑子吗？"

"你怎么说话这么难听，不愿意教就直说，骂人干什么！"同桌生气地说。

"自己笨还有理了？赶紧补补脑子吧。"男生不屑地说。

同桌十分受伤，他平时不管是成绩还是其他方面表现也不错，只不过不像男生那么优秀，怎么就成了猪脑子了？

他把这件事告诉了好朋友，好朋友说："别理他，愚蠢的骄傲者。"

第七章
要做大男人,但不要"大男子主义"——谦逊的男孩更受人尊敬

男生对谁都是那么骄傲,没多久,没有一个同学愿意再和他说话,男生渐渐地被孤立了他。

☆ ☆ ☆

故事中的男生由于学习成绩出色,变得骄傲自满,看不起身边的同学,甚至对同桌进行言语嘲讽,引起同学们的不满。渐渐地,他被大家孤立起来,成为一个没有朋友的男孩。很多人在一生中都会取得不错的成绩,但一时的成功并不能证明什么,如果因为一点成功就骄傲自满,不继续努力奋斗,很可能在下一刻就被他人打败,或者遇到难以解决的困难。

俗话说:"天不言自高,地不言自厚,以万物为参照,可洞观一己之不足。"这是说,天地从来没有说自己很高大、宽厚,但人们都能看到它的伟大,因为它默默地养育了众多生灵。其寓意是,一个真正强大而有素养的人,从不到处显摆、炫耀自己的才学、能力、成就等,所以男孩要在成长的过程中学会拒绝骄傲,虚心向他人学习,如此才能取得进步。

☆ ☆ ☆

小棉是一个十分优秀的男生,有很强的辩论能力,因此被学校安排带队去市里参加一场辩论赛。

来市里参加比赛的选手都是市各中学的优秀学生,老师让小棉用心做好赛前准备,小棉却认为没人能比得上自己优秀,根本不用做任何准备就能把其他中学的参赛对手打败,登上冠军的宝座。

第一场比赛,小棉的队伍轻松晋级。小棉更加得意了,"我就说其他的人没我能说会道,没我知识渊博吧!怎么样,轻松就赢了吧。走,赢了比赛出去玩啊。"

"老师说下一场的对手很强,让我们多看看资料。"队友说道。

"再强能有我强吗?走吧,看我怎么带你们轻松夺冠。"说完,拉着队友们就出去玩了。

没想到,第二场的对手真的很强,辩论起来引经据典,即使小棉知识再渊博也没赢过他们。

"竟然输了,我竟然输了?"难以接受这样的事实,小棉有些慌乱,之后的比赛也没有调整过来,输了一场又一场。

"你现在知道天外有天,人外有人了吧,吸取这次的经验教训,以后不要再骄傲自满了,知道了吗?"老师教训了小棉。

小棉这才明白自己多么像"井底之蛙",再也不敢骄傲自大了。

☆ ☆ ☆

故事中的小棉在第一场比赛中轻松晋级,由此变得骄傲自满,认为所有人的能力都比不上他,所以不认真为下一场比赛做准备,结果输了一场又一场。通过这次比赛,他真正认识到"人外有人,天外有天",再也不敢骄傲自满了。其实,骄傲的人确实有着过人之处,能够得到他人的钦佩和赞赏,但他们因此变得骄傲、狂妄、自大,逐渐远离真实的自己,看不到他人的优势,就很容易被对手打败,遭遇挫折。

其实,人之所以骄傲,有时也是由无知造成的。如果一个人变得骄傲起来,就看不清自己的真实水平,也不了解其他人的优势。他们一味地认为自己是最棒的,世界是渺小的,就像一只"井底之蛙",陶醉在井口般大小的天地里,而且乐此不疲。不得不说,这样的人是无知的。他们如果能够跳出自己的小世界到井外看一看,就能知道世界有多大、自己有多渺小,从此便会加倍努力地学习,补充自己的知识和能量。

骄傲自满的人，在与人相处时总是自以为是，把自己的观点强加给他人，这样是很不可取的。每个人看事情的角度不同，得到的信息和结论也就不同，产生歧义是正常的，所以我们不能强行将自己的观点灌输给他人。

此外，即便自己的观点是正确的，也不能在对方没有要求的情况下纠正对方，即便是要纠正对方，也要采用恰当的言辞，以免让对方觉得没有面子。有的男孩仗着自己学习成绩好，就认为其他同学的思路、结果不正确，其实，再普通的人也有成功的时候，再优秀的人也有失误的时候，在没有得到证实的情况下，不要随意否定他人的成果。

放低姿态，多向他人学习

苏格拉底是古希腊著名的思想家、哲学家，但他从不以"权威"和高高在上自居，为人非常谦虚。每当身边的人赞美他的学识和智慧时，他总会说："我唯一知道的就是我自己的无知。"他的谦虚成就他的一生，让他在拥有渊博学识的同时，也赢得了世人的尊重和敬仰。谦虚是一种美德，能够促使我们不断去完善自我，助力我们一步步走向成功。只有谦虚的男孩，才会认识到自己的不足，从而放低姿态，虚心向他人求教，努力学习和提升自己，从而取得更大的进步。同时，谦虚还会让男孩更具绅士风度。

☆☆☆

孙羊是名牌大学毕业的大学生，成绩优异，出类拔萃，轻松地就被一家外企录取为实习职员。

和他同一批录取的新员工一入职就开始向企业的老前辈请教各种事情，明里暗里"偷技"，但孙羊对此却不屑一顾。

孙羊认为自己学习能力强，适应能力强，自己摸索肯定比向他人学习能更快地融入这个企业，成为优秀的职员，提前获得正式录取名额。

因此，孙羊做事情从来没向他人请教过，也从不帮助同事，高傲的像只孔雀，从不向任何人低头。

有一次孙羊负责的一个小项目的数据出了错，但业务不熟练的他怎么也找不到是哪里出错了。

有个公司前辈看到他满头大汗还找不出问题所在，就主动过来问他："孙羊，需要我教你吗？"

"不用，我可是名牌大学毕业的，这点小问题根本不算什么。"

前辈是普通大学毕业的，他认为孙羊这是在侮辱自己学问不如他，生气地走开了。

结果孙羊自己摸索了大半天，直到下班，他也没有找出问题，被上司狠狠地批评了一顿。

☆☆☆

故事中的孙羊毕业于名牌大学，认为自己的学习能力和适应能力都比一般人高，所以总是端着架子，不虚心向他人学习，哪怕是遇到困难，也不主动向他人求教，这样既不利于自己能力的提升，也会影响工作效率。爱尔兰剧作家萧伯纳曾说："一个人无论有多大的成就，都要永远谦虚，不要把自己看得太重，忘记尊重别人。"如果故事中的孙羊能够放低自己的姿态，谦虚地向他人请

第七章
要做大男人，但不要"大男子主义"——谦逊的男孩更受人尊敬

教，工作的时候就会更加得心应手，还会获得同事的友谊。

现实生活中，很多男孩自认为比他人优秀，就轻视他人，不尊重他人，结果让大家感到不满。其实，每个人都有自己的优点和缺点，如果能够放低姿态，虚心请教他人，就能够取长补短，不断充实和提升自我。

谦虚的人是智慧的，他们从不满足自己的成绩，总能看到自己不足的一面，永远积极上进，不断学习和提升，让自己变得更强大。与骄傲自满的人相比，谦虚的人在与人相处时，总是平易近人、从善如流，让对方感到舒适和快乐，从而收获更多友谊。

☆ ☆ ☆

有两只小兔子是邻居，一只白兔子，一只灰兔子。

两只兔子都种了一片胡萝卜。

白兔子会读书，从书本上读了很多关于种植胡萝卜的知识，它认为自己十分优秀，肯定会种出又甜又脆的胡萝卜。

灰兔子不认识字，也想种出好吃的胡萝卜，就去向白兔子请教。

"小白兔，你能教我种萝卜吗？"

"你连字都不认识，我教了你，你也学不会这么深奥的知识。"

"那你能教我识字吗？"灰兔子又问道。

白兔子不耐烦地说："我还要忙着种胡萝卜呢，没空教你，快走开，你耽误我种胡萝卜了。"

灰兔子难过地回到了家，但它还是认真地种着它的胡萝卜。

很快，到了收胡萝卜的季节，灰兔子虽然没有学到书本上的种植知识，但还是获得了大丰收，它种的胡萝卜又甜又脆，十分好吃。

白兔子的胡萝卜却又小又涩，十分难吃。

白兔子找到灰兔子问:"为什么你种的胡萝卜那么好吃呢?"

"因为我没有先进的种植技术,只能勤除草、勤翻地、勤除虫,没想到这样也能种出香甜多汁的胡萝卜。"灰兔子说道。

"对不起,我太自以为是了,我能向你请教如何除草除虫吗?"白兔子自从种下萝卜就再没有管理过田地,所以种出来的萝卜又小又难吃。

"当然可以,明年我们一起种萝卜吧。"灰兔子高兴地说。

☆☆☆

故事中的白兔子自认聪明,不肯教灰兔子种胡萝卜的技巧,结果自己种的胡萝卜又小又涩。但它承认了自己的错误,并放下姿态,虚心向灰兔子请教除草除虫的办法。这则故事告诉男孩,做人一定要放低姿态,即便自己很优秀、很出类拔萃,也不能目无他人。

男孩一定要学会放低姿态,努力向身边的人学习更多的知识以及做人的道理,让自己在学习和为人处世方面得到提升。放低姿态,展现自己谦虚的一面,友好地对待身边的同学和朋友,能够受到更多人的喜爱,收获更多友谊。

当然,放低姿态不是看轻自己,而是换个角度更清楚地认识自我,看到自己的缺点以及不足。放低姿态,还要保持自己的原则,既不低声下气,也不趋炎附势,做一个堂堂正正的男子汉。

男孩要听得进忠言和批评

忠言好比一杯苦茶,虽然味道苦,但喝下后有益健康,所以人们常说:"良药苦口利于病,忠言逆耳利于行。"喜欢听顺言

第七章
要做大男人，但不要"大男子主义"——谦逊的男孩更受人尊敬

是人之常情，不过，顺言虽然好听，却不一定是真实，或者是谎言，或者是掩盖了事情的真相等，经常听顺言，不利于男孩的成长和进步。很多男孩听不进他人的忠言和批评，是因为他们不懂得谦虚，认为自己不会有缺点，也不会做错事，长此以往，会走向失败的深渊。

☆ ☆ ☆

炎热的夏季，森林里的动物们都不愿意出门，但今天森林里有庆典活动，所以不少动物顶着大太阳出了门。

在公交车站，很多小动物正在等去庆典的公交车。

大家自发地让个头小的动物排在队伍的前面，个子高大的动物排在队伍的后面。

很快，公交车来了，大家有序排队上车，轮到小兔子上车的时候，突然冲过来一头大象，大声喊道："让开让开，我要上车，这天儿太热了。"

"大象你在后面排队，不要插队。"小兔子说道。

"我早就来了，凭什么因为我个子大就让我排在后面，我偏要现在上车。"

"因为大家都在排队，插队是不文明的行为，你应该做一只文明的大象。"小兔子批评道。

"你这小家伙没资格批评我，哼！"说完，大象一头冲进了公交车，还把庞大的身体堵在了门口，让后面的小动物无法上车。

小动物们气坏了，但大象不让开，它们也没办法，只好继续苦哈哈地等下一班公交车了。

大象的行为，让森林里的小动物们拒绝和它做朋友。

☆☆☆

故事中的大象不遵守规则,在上车的时候插队,让很多小动物都无法上车,小兔子批评它时,它还振振有词,认为自己没有错。最后,它虽然率先坐上车,不必再忍受炎热的天气,却因此失去了小动物们的友情。

国外有一句谚语说:"恭维是盖着鲜花的深渊,批评是防止你跌倒的拐杖。"的确如此,一个人倘若听惯了阿谀奉承的话,就容易变得狂妄自大,一点点退步;一个人如果能够虚心听取他人的批评,就能逐渐改正缺点和不足,不断取得进步。所以,男孩在生活中要养成虚心听取批评和忠言的性格,不断完善自己,取得进步。

一个听得进忠言和批评的人,一定是谦虚的人。唐代诗人贾岛在创作《题李凝幽居》时,有一句为"鸟宿池边树,僧推月下门",同为诗人的韩愈看后,建议他把"推"改成"敲",贾岛没有自视甚高,而是反复考虑韩愈的意见,最后把"推"改为了"敲"。这个故事成为千古佳话,也创造了"推敲"一词。其实贾岛也是一位颇有名气的诗人,如果他不虚心接受他人的意见,就不会有"推敲"一词的出现。所以,男孩应该谦虚地对待他人的意见和批评,因为即便是一个很小的提议,也可能让你终身受益。

☆☆☆

公元前207年,刘邦领兵路过咸阳,突然想去秦宫观赏一番,于是带着下属兵士前往宫殿。

来到宫殿后,刘邦见到秦宫宫室华丽,里面奇珍异宝数之不尽,宫人见到他来,还纷纷跪拜行礼,刘邦十分享受,就决定在秦宫住上几天再离开。

第七章
要做大男人，但不要"大男子主义"——谦逊的男孩更受人尊敬

他的下属樊哙知道了他的意图后，就问他："沛公是想有天下呢，还是只想当一个富家翁呢？"

刘邦当然想拥有天下。

樊哙这才真诚劝说道："这宫中珍奇异宝、后宫美人皆是致秦亡之物，以臣之见，沛公应速速离去，不能留在秦宫。"

刘邦对樊哙的劝谏不以为然，执意要留在秦宫居住。

这时，谋士张良知道了这件事，他找到刘邦说："秦王奢华无道，百姓这才造反，打败了秦军，沛公才有幸能进这秦宫。如今您刚除掉这暴君，正该克勤克俭，如何能学秦王奢侈荒淫之态呢？忠诚正直的劝告往往不顺耳，但有利于行为。樊哙忠于沛公，才会有此忠告，沛公应听从才是。"

刘邦听了，终于醒悟过来，召集兵马，很快离开了秦宫。

☆☆☆

刘邦来到秦宫后，被宫殿内的奢华景象所吸引，决定在此小住几天，直到张良以"秦王"的教训向他进言，他才醒悟过来，带领将士们赶紧离开。正因为虚心听取了谋士们的忠言，刘邦才得以平定天下，成为一朝之主。

想虚心听取他人的批评和忠言，男孩首先要看清批评的本质。很多时候，当我们为人或者做事出现错误时，他人会向我们提出批评和建议，这种情况下，他人的批评和建议就是善意的，而非故意刁难，我们应该积极听取并采取行动改正，不断完善自己。

当他人批评我们时，不要一味帮助自己辩护，而要理智地分析自己的不足，然后不断改正。现实生活中，很多人都不喜欢被批评，即便知道自己有不足，也不希望他人指出，因为这样很没面

子。所以，批评他人需要智慧，接受批评需要谦虚和勇气。当然，对于恶意的指责，男孩大可置之不理，以免给自己增加烦恼。

谦逊要有度，不能否定自己

谦虚是一种高尚的品质，能够帮助人们不断完善自我，从而走向成功。谦虚的人能够看到自己的不足，不断取长补短，不断进步。但是，谦虚也要把握好度，也要分时间和场合，该谦虚的时候，应该表现得虚心有礼；反之，则要努力表现自己，否则，很容易错失良机。此外，过于谦虚也会给人以虚伪的印象，不利于男孩良好性格的养成，也不利于男孩的人际交往。

☆☆☆

小陶是一名初中男生，经常听到关于谦逊有礼的一些教导和故事，想让自己变得谦虚谨慎一点。因此，小陶经常在他人面前表现得很谦虚，面对别人的称赞也会十分不好意思。

"小陶画画真好，栩栩如生。"同学阿力称赞道。

"一般般吧，和那些美术生比起来我画得太差劲了。"小陶连连摇头。

"我觉得很好啊。"阿力说道。

"不好的。"

"对了，这个月校板报是咱们班负责，你画画这么好，我推荐你去画校报吧。"阿力突然说。

小陶吓了一跳，赶紧说："不行，我画得真不好，我做不到的。"

第七章
要做大男人，但不要"大男子主义"——谦逊的男孩更受人尊敬

"怎么做不到？我觉得你画得挺好啊，咱们班上没有比你更会画画的了。"阿力坚持。

小陶因为谦虚惯了，逐渐失去了自信心，他是真的觉得自己做不到去画校报，因此极力推拒这项任务。

阿力看他真的不愿意，也就不再坚持，只不过觉得他明明有能力却不肯为班级做贡献，逐渐不再和他多说话了。

☆ ☆ ☆

故事中的小陶明明在画画方面非常出色，但过于谦虚，没有正确认识自己的水平，变得越来越没自信，推掉了画校报的事情。在阿力看来，小陶很自私，明明能为班集体做贡献、争得荣誉，却不积极主动地参与，从此对他产生了不良的印象。这则故事告诉我们，真正的谦虚不是唯唯诺诺和妄自菲薄，而是正确认识自我，看得到自己的优势和不足。

唐代诗人王勃满腹经纶，与众多诗人在滕王阁竞艺时，他没有谦虚，而是大方地展示自己的才学，所以才会有"落霞与孤鹜齐飞，秋水共长天一色"这样流传千古的名句。这就是告诉我们，如果有能力、有欲望做某件事，就要主动接受，牢牢地把握机会，而不是过分谦虚，让机会从手中流失。

在有能力的情况下，我们如果因为谦虚而拒绝承担重大责任，就会给人缺乏勇气的感觉。当今社会，各行各业的竞争日益激烈，我们在谦虚的同时，还要正确评估自己的能力，并在恰当的时候表现自己，这是一种自信和智慧。

在众多优秀的人才中，能够脱颖而出的人，应该是自信、勇敢而适度谦虚的人，过分谦虚的人会被社会所淘汰。在机遇面前，我

们不应该躲闪、谦虚，而是勇敢地抓住，大步向前走。

☆☆☆

男孩小文喜欢唱歌，想当一名歌唱家。

爸爸妈妈很支持他，为他报了一个歌唱学习班。

学习班的老师唱歌很好听，小文很喜欢跟他学习，有一次，他忍不住夸道："老师，你唱歌真好听，是我听过的最好的声音。"

老师却摇头笑道："我的歌唱功底只是一般般，没你想的那么好。"

小文说："但我觉得老师的歌声是世界第一好听的。"

"不是的，比那些真正的歌唱家差远了。"

老师本是一句谦虚的话，却让小文的心情失落了许多。

回到家后，小文对妈妈说："妈妈，你给我换个歌唱老师吧。"

"为什么呢？这个老师功底不错，是妈妈千挑万选才选中的啊。"妈妈问道。

小文有些迷惑，"但是老师说他唱得不好啊，他自己都觉得自己唱得不好，怎么能把我教好呢？"

妈妈也十分吃惊："妈妈问一下老师再决定好吗？"

"好。"

第二天，妈妈陪小文一起去学习班，知道小文的疑惑后，老师很惊讶，也很惭愧。

他说："对不起小文，老师昨天只是谦虚的说法，我只是想在你们面前表现得谦逊一些，没想到让你产生了误会，我的歌唱水平可不止我说的那么一般哦，我以后会注意，不再谦逊过度的。"

"真的吗？那老师很厉害啦？"小文高兴地问。

"当然，相当厉害。"

"哦耶，那我要继续跟着老师学唱歌。"

老师笑着揉了揉他的头，开始了今天的课。

☆ ☆ ☆

故事中的老师对自己的能力进行谦虚的评价，可是小文并没有意识到这一点，在他看来，如果老师不够优秀，自己也不会达到最好的水平，还因此要求妈妈更换老师。可见，过度谦虚会成为自己生活的阻碍。谦逊本来就是一把双刃剑，适度谦逊能够获得他人的喜爱和尊重，但如果没有把握好度，就会让机会与我们擦身而过。

此外，谦虚会抑制我们的自豪感，让我们缺乏自信。即便是一个身怀绝技的人，但过于谦虚，事事都推脱"我不行"，那么他的才能也会被埋没。而且，过度谦虚会让对方感到不满，因为你的谦虚相当于否定了对方的鉴赏力。

好男孩应该懂得谦让

正所谓"尺有所短，寸有所长"，每个人都有自己的个性，而这么多个性不同的人在一起相处，就需要谦让的品德。有了谦让，人们在生活中发生的各种矛盾就会逐渐化解，从而帮助我们建立更加友好和睦的人际关系。人与人之间应该相互尊重、相互友爱，各让一分，各敬一尺，这种相互谦让的相处方式，才能"化干戈为玉帛"，减少没必要的矛盾和纠纷。

☆☆☆

渔民背着一个大肚子细口的竹篓去河边抓螃蟹。

有个青年来这里旅游，听说渔民要去抓螃蟹，很好奇，就跟来了。

捉到第一只螃蟹的时候，渔民把螃蟹扔进竹篓里，并仔细地盖好盖子，就怕螃蟹逃走。但是当渔民捉到第二只螃蟹后就不再盖盖子了，继续去抓第三只螃蟹。

青年以为渔民忘记了，好心提醒道："大叔，您竹篓的盖子忘记盖上了。"

渔民笑道："不必再盖盖子了。"

"不用盖盖子？那螃蟹不会逃走吗？"青年好奇地问。

"你看看就明白了。"

说着，渔民把竹篓放下，让青年凑近了看。

青年就发现：竹篓的口很细，只能够一只螃蟹逃出来，但是两只螃蟹都想逃出来，谁也不让谁，于是你拉我，我扯你，结果就是两只螃蟹谁也爬不出来。

渔民很快抓了一篓子的螃蟹，而这些螃蟹都没能从开着盖子的竹篓里逃出来，因为它们都在忙着不停地把快要爬出去的螃蟹重新拉扯下去。

☆☆☆

故事中的螃蟹之所以没办法从竹篓里爬出来，是因为他们不懂得谦让，都渴望第一个从竹篓中爬出，结果相互阻碍，谁也爬不出竹篓。人与人之间的相处也是如此，只有相互谦让，各退一步，才能给集体带来更大的利益和荣誉。

谦让分为两个部分，一个是谦虚，一个是礼让。谦虚是不自

第七章
要做大男人,但不要"大男子主义"——谦逊的男孩更受人尊敬

满、不居功,永远不断努力地向他人学习,充实自己。一个谦虚的人,在接人待物的过程中会表现得非常恭敬,能够赢得大家的好感。一个礼让的人,在与他人发生矛盾或者自己与他人的利益发生冲突时,通常都会主动退让。一个谦虚、礼让的人,能够得到更多人的喜爱,获得更多的朋友。

☆☆☆

东汉鲁国,有个孩子叫孔融,他有五个哥哥,一个小弟弟,兄弟七人一直相处得十分融洽。

有一天,他们一家人坐在一起吃梨,盘子里的梨有大有小有好有坏,父亲让孔融先去挑梨。

孔融看了看盘子中的梨,把好的、大的留下,自己拿了个最小的梨吃了起来。

父亲看到他的行为后,很好奇,问道:"你为什么挑了一个最小的梨呢?"

孔融说:"因为我年纪小,当然要吃小点的梨啦。"

"那你弟弟比你还小,为什么不把最小的留给他?"父亲又问道。

"我比弟弟大,自然要让着弟弟,把好的留给他吃。"孔融又答。

父亲听了他的回答既吃惊又自豪,哈哈大笑起来。

☆☆☆

孔融让梨是一个家喻户晓的故事,小小年纪的孔融就懂得谦让,是每一位青少年值得学习的对象。谦让固然是一种美德,遇事也应该适当谦让,但谦让也要讲究方式、方法。

首先,谦让要尽量恰到好处,让对方感受到自己的真诚,并认可你的方式,如此才能达到比较好的谦让效果。此外,谦让也要保

持平等的姿态，不能居高临下、轻视对方。反之，如果我们的谦让并非真心实意，而是为了炫耀，或者方式不合理，让对方感到尴尬，那么谦让的效果可能非常糟糕。

在人际交往中，谦让是必不可少的品德，也是男孩应该养成的良好性格，但并非每个人都能做到。有的人认为，谦让就等于吃亏，会让自己在物质或者精神上受到损失，所以每次遇到与自己利益相关的事，总会忍不住为自己多争取一些。所以在成长的过程中，男孩应该适当放下所谓的名和利，恰当地表现谦让，既能让自己的道德素养更高，也能更好地处理自己的人际关系。

第八章

踏着人生的台阶向上走
——积极进取的男孩更出色

男孩要想取得成功，首先要具备的素质就是进取心。进取心是男孩奋斗精神的来源，有了它，才能够战胜困难，无往而不胜。有进取心的男孩懂得努力，并且能够永远比他人多一分努力；有进取心的男孩脚踏实地，走好当下的每一步路；有进取心的男孩更是永不满足，在人生之路上精益求精。进取心如同阶梯，帮助男孩通往成功之路。

凡事多往好处想

桌子上有半杯水，这是事实。有人会想："真惨啊，只有半杯了。"也有人会这样想："还好，还有半杯水。"不同的心态导致人对同样的事实有着不同的感受，这也是悲观和乐观的区别。但是想要生活变得美好，想要让自己更加快乐、积极地学习和生活，就必须学会遇到事情多往好处想。

☆☆☆

一天傍晚，已经放学的教室里立刻变得空荡荡，只有天天一个人还坐在座位上发呆。班主任路过教室时看到他，走过去问道："天天，你怎么还不回家？再晚一会楼道就锁门了。"

"我不想回家。回家之后爸妈肯定要唠叨了，又会数落我……"天天话还没说完，班主任就笑了，"是因为这次考试没考好吧？"

"嗯……"天天不好意思地低下了头。

"没关系，这次考不好还有下次嘛！再说了，考试成绩也并不能说明一切啊！"班主任开导他说。

"话虽如此，但是我爸妈不会这样想啊。他们一心想让我有个好成绩。"天天的父母经常唠叨成绩的问题，还总是拿"别人家的孩子"来刺激天天，渐渐地，这种语气和方式让他很是反感。天天也因此对成绩看得越来越重，心情也因此很不好。这次考试又没有取得父母要求的理想成绩，因此他非常担心。

第八章
踏着人生的台阶向上走——积极进取的男孩更出色

"没事,拿出试卷我来看看。"班主任看着愁眉苦脸的天天,想帮他分析分析问题。

"你看,这样的题目出错,就说明你对基本概念的掌握还有问题,回去要加强啊!"

"这样的问题,应该是你之前接触太少,这也说明你平时练习很少!回去要多做练习题!"

"老师您说我是不是非常差劲啊?"天天突然很沮丧地说。

"没有啊!你看你这些题目做得都还不错,并没有出现严重的问题。你不用把成绩看得那么重要,要把它想象成一面镜子,通过这面镜子可以反映出你学习中存在的问题。现在这些问题暴露出来不是更好吗?至少你可以及时改正,让它们以后不再出现啊!"

听老师这么一说,天天觉得这张试卷上的成绩并没有那么糟糕了。他收拾了书包,回去将试卷重新改正了一遍。他发现,其实考试并没有想象中那么糟糕,自己也不是没有希望。

☆☆☆

故事中的天天面对成绩时愁眉苦脸,因为一张试卷而有些否定自己。但是老师的一席话非常正确,我们要学会正确而全面地看待事物。事物都有两面性,要学会思考问题,多往好的方面想,这样才会让自己更加有动力。

学会凡事往好处想,这是一种生活哲学,能够帮助自己发现生活中许多原本美好的东西,能够让自己更加乐观、积极。作为男孩,要学会这一处世哲学,这样才能在面临问题时迅速调整心态,寻找解决办法。

☆☆☆

李乐总是容易考试前紧张。其实他平时的成绩还不错，但是就在临考前，他总是出各种状况。因为他太害怕考砸了，甚至在考前整夜失眠，担心自己考不好。

中考之前他立志要考上省重点高中，以他的能力其实是完全有可能的。但是考前一周，他的焦虑又开始作祟。他开始焦虑，白天无法集中精神，晚上做梦都是自己考砸了。因此他的状况非常不好，他很快就病倒了，最后连考场都没有办法上，错失了当年的考试机会。他虽然后悔莫及，但是依然无法改掉考前焦虑的问题。

☆☆☆

故事中的李乐其实在生活中也不少，很多学习成绩优秀的孩子在考场上反而容易"掉链子"。因为他们不会调节自己的心态，遇到事情总是想着"万一失败怎么办"。但其实不到最后一刻，谁也无法预料结果如何，而我们能做的，就是遇到事情多往好的方面想，给自己一个积极向上的心态，集中精力向着目标努力。

作为男孩，首先，要保持良好积极的心态。只有真正积极向上的人，才能做到遇事多往好处想，给自己一个积极的心理暗示，帮助自己战胜困难。其次，要学会做好充分准备，遇到问题积极寻找解决方案。遇到事情能够保持良好心态的前提是积极寻找解决办法，而不是一味依靠精神胜利法来麻痹自己，所谓尽人事天命有归，正是这个道理。最后，要学会辩证地看待问题。任何事物都有两面性，要学会看到事物的优点和缺点，即使失败，也要从中吸取经验教训。要相信失败乃成功之母，只要保持积极的心态，总有一天会取得成功。

第八章
踏着人生的台阶向上走——积极进取的男孩更出色

永远比他人更努力一点

努力是每个人在生活中离不开的主题。每个人的成功都离不开不懈的奋斗与努力。但是作为男孩，想要获得成功，就必须比他人多付出一些努力。如果一个人在每一天、每一件事情上都能够比他人多努力一点，那么日积月累，这每天"多一点"的努力就会成为制胜的关键。

但是，未必所有人都能够承受努力的辛苦，许多人正是在努力的过程中因为承受不了压力而渐渐走向下坡路的，最终自然不会取得进步，而是滑向人生谷底。

☆☆☆

李磊在上初中时贪玩、好动，总是觉得自己长大了，认为自己可以掌控自己的一切。面对初中课程加多、作业也多的情况，他显得有点手足无措。在一次考试中，倒数第一的名次更是让他自暴自弃。可是他羡慕他人可以得第一名，可以得到父母的表扬、同学的羡慕。

于是，李磊开始悄悄努力。他改变了以前的坏习惯，给自己制订了一个合理的学习计划。他改掉了以前睡懒觉的习惯，早早起床开始读英语。其他人每天读15分钟，他要求自己必须读够30分钟。其他人每天练习3道数学题，他每天规定自己必须做够5道题。他觉得，每天这样多努力一点，最后收获的也会比其他人多。

李磊每天都会比别人多努力一点，多学习一点。期末的时候他终于取得了第一名的好成绩。

"李磊，你真厉害。"

"李磊，你进步真大，你是同学们的好榜样。"

在自己的努力下，李磊最终收获了老师的表扬和同学们的称赞。

☆☆☆

故事中的李磊在发现自己的不足之后及时改正，每天都坚持学习，并且每天都比其他人多努力一点。最后经过一学期的努力，他的付出终于有了回报。

学如逆水行舟，不进则退。不管是学习还是生活，只有时刻保持上进与努力，才能让自己的小船保持前进。如果能够在努力的基础上比其他人再多一点努力，在时间的验证下，这些努力会让自己比其他人优秀许多，最终帮助自己在人群中脱颖而出。

☆☆☆

小孟从小体弱多病，上学后学习成绩明显不如其他人，也不擅长体育运动。

小孟知道自己的弱点，但是他并不甘心就这样落后于他人。他给自己制订了目标：要在两年之内练好身体，同时加强功课学习，争取赶上其他同学。

为了完成自己的目标，小孟在学习和生活中付出的都要比其他人多。早读时他每天都比其他人早到30分钟，如果班级门还没开，他会拿着书本在学校操场里边走边背，因为每天用的时间比其他人多30分钟，所以能记住的知识自然更多。他始终记得妈妈说的："笨鸟先飞"，心想自己和他人之间的差距，只能通过努力来弥补。

小孟每天都要进行体育锻炼。除了和同学们一起上的体育课、

第八章
踏着人生的台阶向上走——积极进取的男孩更出色

晨跑等，他每天晚饭后都要跑步40分钟，再做1个小时的拉伸运动，比如仰卧起坐、俯卧撑等。尽管刚开始的时候非常痛苦，小孟几乎坚持不下来了，但是一想起自己的计划，他又咬牙坚持。慢慢地，他发现自己没有原来那么柔弱了，身体在一天天变好，自己也更加有信心了。

就这样，小孟在一天天的努力中变得越来越强壮，学习也更加起劲。不到两年，他就赶上了班级同学的平均水平，期末考试的时候，他还第一次考进了全班前十名，这下让他更加有信心了。

☆ ☆ ☆

故事中的小孟知道自己基础比其他人差，但他没有垂头丧气，而是选择做任何事情都比他人多付出一些时间和精力，让自己比他人更加努力一些。功夫不负有心人，通过坚持不懈的努力，小孟终于赶上了班级的平均水平，并且很快取得了更好的成绩。

成功往往不是一蹴而就的。俗话说一口吃不成胖子，因此要学会在每一天都能保持努力、保持上进，让自己在每一天都取得进步，让自己每一天都比他人更加努力。作为男孩，首先，要有永不满足的态度。只有不满足于现有成绩的人，才会想着努力与奋进，才能取得更好的成绩。其次，要有精益求精的精神。在这种精神的敦促下，男孩会不断严格要求自己，不断攀登高峰。最后，男孩要学会寻找目标，然后尝试挑战。榜样的力量是无穷的，它可以催人奋进，也可以让人斗志昂扬。男孩可以尝试为自己寻找一个榜样，然后进行"挑战"。比如他每天学习多长时间，如果可以，尝试比他学习的时间更久；每次成绩有所进步，然后慢慢超越对方，逐渐将目光放得越来越长远，目标也会越来越远大，成功的概率自然也会更高。

专注当下，才能更好地把握未来

人生最重要的是哪一天？

是今天。昨天已经成为历史，明天还未到来，一个人能把握的只有今天。把握今天，就是将一个人的注意力都集中在当下。只有专注当下，做好当下的所有事情，才能更好地把握未来。

专注当下，是一种态度。不好高骛远、不好逸恶劳，而是勤勤恳恳做好今天的每一件事，做好今天的自己。专注当下，是一种从容，不为昨天后悔，也不为明天担忧，而是十分从容地一边努力、一边行走。我们要学会专注当下，要学会将所有的专注都放在当前，因为只有做好今天的自己，才有能力承担未来。

☆☆☆

王强是个有着远大理想的人，他想要做第一名，想要做一个伟大的人。他想着以后要取得无数财富，过着十分富裕的生活；想着要做很多伟大的事业，让全社会都能铭记他。但是渐渐地，他开始沉迷于自己的"梦想"，认为这些梦想以后一定都能实现，现实却每天浑浑噩噩，不去为了自己的梦想而努力。

有一天，当他又开始长篇大论地说起自己的理想时，他的一位同学终于忍不住了："你每天都在说自己的理想，但是你为你的理想做过什么吗？"

"理想要想实现也是以后的事啊，我现在也做不到啊！等我长大了以后就要……"王强话音还没落，同学就开始反驳他："你连现在都做不好，还谈什么以后呢！"

第八章
踏着人生的台阶向上走——积极进取的男孩更出色

"现在是现在,以后是以后!现在我还小嘛,什么都做不了,再说梦想的实现也不急在一时啊!所以啊,可以先对未来有个规划,然后再慢慢实现嘛!"王强还在振振有词。

同学们都对他的观点很不认同,渐渐地当他再大肆谈论自己的未来时,已经没有人愿意做他的听众。

王强还是一天天地沉浸在他的"未来"里,依旧不知道从今天开始要努力。

☆ ☆ ☆

故事中的王强整天沉浸在自己对"未来"的畅想中,却从来没有脚踏实地地从当下做起,没有付出任何实际的行动。这种畅想最终会变成幻想,自然无法成为现实。

很多人在年轻的时候总会对生活有着非常多的想法,尤其是男孩,对自己的未来总是有着许多设想。有梦想才有实现的可能,因此男孩不能对自己的梦想丧失信心。但是实现梦想的前提是脚踏实地地把握每一个今天,专注于当下,认真做好今天的每一件事。

☆ ☆ ☆

在一座寺庙里有个小和尚,他每天清早都要清扫院子里的落叶。一到秋天,院子里满是落叶,他每天都要费好大的力气清扫,但是第二天还是一样满院子落叶。小和尚为此非常苦恼。

后来他想了个办法,在清扫之前用力地摇晃树枝,许多树叶纷纷落了下来。小和尚这下可高兴了,"这下就可以连明天的树叶一起扫了。"

但是第二天一大早,小和尚发现院子里依然满是落叶,十分沮丧。

老和尚看到他的样子走过来安慰他说:"孩子,不管你今天想了多少办法,也依然无法阻挡明天的树叶飘落下来。你能做的,只是做好每一个今天,把今天要做的事情认真做完。"

小和尚终于明白了世界上不存在一劳永逸的方法,任何人都不能提前做完明天和未来的事情,只有做好今天,才有未来可言。

☆☆☆

故事中的小和尚想要在今天扫完明天的落叶,但是不管他摇下多少树叶,明天依然还会有满院子的落叶。正如老和尚所言,今天的所作所为都不能阻挡明天要到来的事实,而我们能做的只是做好今天的事情,也唯有做好每一个今天,才有明天可言,才能把握未来。

畅想未来并心怀梦想的确非常重要,但是如果为了那个还尚且遥远、并未成为现实的未来而忽略了眼前,那才是真正毁了自己的未来。未来需要每一个脚踏实地努力的今天作为支撑。

男孩要学会专注当下,这是一种"现实主义",也是脚踏实地的表现。首先,要学会调整心态,不要为了未来过度忧虑,也不要做事过于急躁,而是不骄不躁,从一点一滴的小事做起,从手头的每一件小事做起,不要好高骛远,也不要妄自菲薄。

其次,要学会对自己、对自己的现状有一个较为客观的评价与估计。这样才能根据自己的现状为当下的学习和生活制订一个具有很高可行性的计划。例如这一学期学习成绩要提高到全班前十名,要培养自己的一个兴趣爱好并将其坚持下来等。这样的小目标可以很快实现,同时也是对自己的一种提高,为以后的发展打下基础。

最后,学会享受过程,体验当下的每一天,让自己的生活变得有趣味。专注当下,是认真地度过每一个今天。男孩要学会让自己的生活节奏"慢"下来，认真体验每一个生活细节，体验每一件事情中的乐趣，将学习和生活的过程变成一个享受的过程，而不是为了实现未来的目标不得已而为之的手段。这样，男孩的生活也会变得更加有趣，自己也会逐渐变成一个细致、有趣的人。

专注当下，是一种脚踏实地的精神，让自己未来的路变得更加坚实沉稳；专注当下，是一种刻苦奋进，让生命中的每一天都变得无比充实；专注当下，更是一种享受生活、热爱生命的态度，让自己时时刻刻都能感受到生活的乐趣和不易，也能更加容易地提升自己，更好地进步和成长。因此，作为男孩，不妨让自己的英雄梦想变成每一个脚踏实地的今天，这样才能让自己未来飞得更高、更远！

挖掘潜能，让自己不断进步

每个人的大脑都是一座宝库，然而很多人终其一生，却不能挖掘大脑中的宝藏，最终让自己的潜能被浪费，让自己的闪光点被埋没，泯然众人地度过一生。因此，作为男孩，要想获得成功，就要学会挖掘自己的潜能，将自己的能力发挥到最大，而往往在这个过程中能取得很多自己难以想象的成就。

发现自己的潜能的办法除了通过科学开发大脑之外，便是不断战胜困难，让自己不断进步。开发大脑受制于年龄，如果错过最佳年龄，可能会收效甚微。青春期的男孩显然超过了三岁这个开发大脑的最佳时期，但是却可以通过在生活中锻炼自己的能力，通过战胜困难，让自己未被开发的潜能能够有机会被发现、被挖掘，让自己取得更大的成功。

☆☆☆

　　阿远平时是个很认真的男孩，心细如发的他总能及时发现问题，并迅速冷静地解决，却有些胆小，总是谨慎过度。

　　在一次班级竞选中，班主任突然提出让阿远竞选学习委员。阿远被这突如其来的提议吓了一跳。他红着脸站起来连连摆手："不行的，我不行的！我干不了……"他甚至因为紧张，说话都有些磕巴。

　　"没事的，你去试试，我相信你可以做得很好。"班主任接着鼓励他。

　　"可是我从来没有做过班干部，也没有做过学习委员，我怕我做不好……"阿远还在支支吾吾，但是班主任却说："谁都有第一次做事的时候啊，没事，其实没什么的，等你真正开始做的时候，一切障碍就都不是障碍了。"

　　看着班主任"决绝"的样子，阿远索性一咬牙就上台竞选了。原本心紧张得"怦怦"乱跳，但是当他站到讲台上的时候，心情竟然慢慢地平复了。他发现自己说话越来越流利，语速也渐渐平缓，声音也不再那么小，也不再飘忽不定。

　　阿远平时人缘不错，大家都知道他做事认真，于是一致选择他做了学习委员。这个结果让阿远很惊喜。

　　当选后的他对工作积极负责，加之他本身学习成绩很不错，还经常帮助有困难的同学，大家都对他非常满意。更为诧异的其实是阿远自己，他原本以为自己肯定做不好学习委员，没想到自己竟然能够胜任这个职位，而且越来越得心应手。

　　"看来人还真应该逼自己一把啊！不然都不知道自己有这么大

第八章
踏着人生的台阶向上走——积极进取的男孩更出色

的能量!"阿远心里想着,于是做事更加起劲了。

☆ ☆ ☆

故事中的阿远原本胆小、谨慎,认为自己没有能力胜任学习委员一职。但是没有想到的是他反而将这个角色做得风生水起,自己也很享受,同时还得到了老师和同学们的认可,这是超乎他想象的。正如阿远所言,人就应该在适当的时候"逼自己一把",帮助自己发现平时没有注意的潜能,让自己能够获得更大的成功,体验不一样的生活。

有时候,或许因为平淡的生活和千篇一律的教育方式,让很多男孩都有些思维固化和趋向统一。但是这并不意味着自己如同自己所想,是一个"无用"的人。过于舒适和一成不变的生活就像温水一样,会让人如同沐浴其中的青蛙,逐渐丧失热情和斗志,也失去了发现更好的自己的机会。也有的人不够自信,总觉得自己什么都做不好。但其实不然,只要大胆尝试,往往都会有新的收获。

☆ ☆ ☆

学校操场上正在进行今年的运动会,男子4×100米的接力赛即将开始。每一位选手都非常紧张,这是为班级争夺荣誉的时刻,他们谁都不会松懈。

最后一个跑道上的孙程格外紧张,因为自己的队友临时受伤他才替换上来。但是自己的成绩根本没有队友好,班里也实在找不到人手了。孙程担心自己拖班级后腿,因此十分紧张。自己又在非常重要的最后一棒,他真的不希望因为自己而输掉这场比赛。

孙程这队的选手在第一棒还处于领先地位,但是第二棒交接时不太顺利,那位运动员差点摔了一跤,导致他们队开始落后于其他队。不幸的是，第三棒的选手从一开始就明显不如其他队，终于他们队被其他三队拉开了距离。当其他人已经冲向终点时，孙程才接到接力棒，奋起直追的他显然落后了别人一大截。

"加油！加油！"操场边的喊声震天响。但是此刻的孙程根本什么都听不到，耳边只有呼啸的风。他已经不再犹疑不决，也不再紧张不已，他的心中只剩下往前冲这一个信念！直到他冲过终点时，他都不知道，自己奇迹般地为班级争得了第一！

"你都不知道你有多快！"

"你刚刚的表现比平时训练的表现好太多了！"

听着同学们的夸赞，孙程感到很不可思议。在刚才的紧张状态下，自己完全凭借本能在坚持！看来真是在这种情况下展现了他的潜能，他才能取得了成功。

☆ ☆ ☆

故事中的孙程在紧张的比赛中恰好发挥了自己的潜能，为班级争得了第一，这让他既意外又惊喜。人往往在受到外界的重大刺激时会展现出一些平时并没有察觉的"特殊本领"，这种"特殊本领"其实就是一个人的本能。因此，作为男孩，不要过于抗拒困难，因为困难往往像一面镜子，帮助自己发现另一个更具能量的自己。

作为男孩，必须发掘自己的潜能，让自己变得更加优秀和美好。首先，要做一个大胆的人，做一个敢于尝试新鲜事物的人。如果长期在一成不变的环境中学习、生活，每天做着一成不变的事情，那么终究会让自己变得懒惰，不再善于思考，也不再尝试改变。因此，不妨做一个大胆的人，在一次次新鲜的尝试中发现自己的兴趣爱好，发掘自己的潜能优势，为自己的成功增加可能性。

其次，要敢于向困难挑战，尝试在战胜困难的过程中提高自己的能力，发现更好的自己。作为男孩，要学会不断征服新的目标和困难，要敢于向自己还未征服的困难挑战，而不是永远只做自己擅长的事情，在没有难度的事物中消磨自己的热情。很多时候，人的潜能正是在一次次战胜困难的过程中被发掘的。

最后，作为男孩，要不怕失败，因为在失败中可以发现自己的不足，及时弥补，这样才能收获更多的经验，做更加优秀的自己。

不要满足当下的成绩

每个人都曾听过这样一句话：虚心使人进步，骄傲使人落后。这句话最早出自《尚书·大禹谟》中的"满招损，谦受益"一句，后被毛主席沿用为"虚心使人进步，骄傲使人落后"。意思是我们每个人在积极进取的过程中都要保持虚心的姿态，切勿骄傲自满，这样才会取得成功的果实。

每个男孩在成长的过程中都会取得一定的成绩，也会有自己的闪光点。这些闪光点会为男孩带来称赞、掌声、荣誉。但是，每次从领奖台上下来的那一刻，一切便归零重新开始。如果男孩继续沉迷于过去的成就，躺在功劳簿上度日，终将让自己的人生止步不前，无法取得更大的成就。

作为男孩，在任何情况下都要有进取心，才可能取得成功。要相信自己的能力，相信自己一定能够取得更好的成绩。男孩不能过早地局限自己的内心和世界，应该在不断的努力中获得更大的成功。

☆☆☆

　　孙耀晨是一个从小到大被老师和家长表扬的优等生，他不仅学习成绩名列前茅，经常拿到学校颁发的一等奖学金，而且积极参加辩论赛、演讲比赛、钢琴比赛等一些课外性的活动，拿到了省级颁发的一些获奖证书。他的卧室墙上挂满了各式类型的奖状，这也因此成了他的父母茶余饭后热议的话题。言语间显然对他们的儿子夸耀着："看，我家儿子多么优秀，小晨的获奖证书都是一沓一沓的，每次开家长会老师们总表扬我们家小晨，别的家长还经常问我们怎么把自家孩子培养得这么优秀，每次说得我们都不好意思了。"

　　小晨就是在这样被别人夸耀和艳羡的环境中长大的。值得一提的是，他自己都不为所动，把他人对他的夸耀转化成一种积极向上的动力。由于成绩优秀，他被保送到一所当地最好的初中，并分到了学校的火箭班。面对五湖四海的优等生，小晨开始苦恼了，父母和老师对他的期望使他的压力倍增，每天晚上他都要熬夜到零点才睡觉。辛苦终于得到了回报，他在初一的大型考试中一直位列班级第一，无人动摇。渐渐地，他的心态开始松懈，心中不断想着："重点学校也不过如此嘛，火箭班的学生看来也大都是徒有虚名。"班级的其他同学也不忍落后，争相追赶，终于，第一再也不是第一了。骄傲使小晨的成绩逐步落后，总是眼高手低瞧不起他人的小晨就这样远远落后于他人了。

☆☆☆

　　故事中的小晨原本是个很优秀的男孩，但是在鲜花和掌声中他渐渐迷失了自己，开始懈怠，开始不再努力。他原本以为自己可以

第八章
踏着人生的台阶向上走——积极进取的男孩更出色

保持永远第一，却忘了"山外有山，人外有人"的道理。最终躺在功劳簿上的小晨输给了埋头努力的同学们。

相比于骄傲自满使人落后的故事，积极进取但仍谦虚谨慎才更让人钦佩。鲁迅曾经说过："不满是向上的车轮，能够载着不自满的人类，向人道前进。"

☆ ☆ ☆

牛顿是科学史上的巨人之一，他发现了万有引力定律、经典力学的三大运动定律，是光学、冷却定律、微积分的创始人，可以毫不夸张地说，他的成就涉及各个学科的各个方面，还影响着整个世界。就连恩格斯这样的伟人都对他这样的伟大成就赞叹不已。用"伟人"来评判他毫不夸张、过分。在他临终前生病的那段期间，他的亲朋好友来到他的床榻前看望他说："你是我们这个时代的伟人。"他听了不满地摇摇头说："在这些成果面前我并不在乎别人怎么看待我，我觉得自己就像是一个在海滩上玩耍的孩童，也就偶尔捡到了几只光亮美丽的贝壳，但真理的汪洋大海在我眼前还尚未被发现。退一万步来讲，如果说我比笛卡尔看得远些，那是因为我站在了巨人的肩膀上。"

☆ ☆ ☆

牛顿能取得如此巨大的成功，在于他抛弃了无数成就的光环，以一个积极进取、谦虚谨慎的姿态不停地探索着未知的领域，毕恭毕敬地站在巨人的肩膀上，他的心灵是一片净土，不受世俗的干扰和成功的环绕。这位"最伟大的英国人""近代科学之父"，永远都对自己的成就没有感到满足和骄傲，而是在科学之路上兢兢业业，最终取得了举世瞩目的成就。

骄傲的充满活力的小男孩们在成长的过程中总免不了锋芒毕露、傲气凌人,但要时刻谨记:"骄傲自满是我们的一个可怕的陷阱,而这个陷阱是我们自己挖掘的。"积极进取是时代给我们提出的要求,我们一定要把握时代的方向,积极进取,谦虚谨慎,让过往的辉煌和成就成为我们的垫脚石,不断攀登新的高峰,这样终会发现新的更加美丽的风景。

作为男孩,首先,要学会正确看待自己所取得的成绩。在成绩面前,男孩要学会谦虚谨慎,不被胜利冲昏头脑;在没有取得理想的成绩时,也不用过分沮丧,要从中吸取经验教训,争取下次获得更好的成绩。

其次,要学会超越自己。每个人最大的敌人其实是自己。如果自己这次取得了很不错的成绩,那么下次给自己一个更高的目标,以此类推,不断尝试超越自己,这样才能不断取得进步,成为更好的自己。

最后,男孩要学会"归零"自己,从头开始。每隔一段时间,男孩可以尝试将自己的成绩"归零",就像一张画板一样,让自己重新开始,以容纳更多的新事物。"归零"自己是一种态度,更是一种勇气,男孩只有有这样的勇气,才能不断攀登生活的高峰,取得更大的成功。

第九章

不要让犹豫左右自己的人生
——坚决果断的男孩更能成大事

俗话说:"当断不断,反受其乱。"男子汉大丈夫,要想成大事,就必须学会坚决果断。在稍纵即逝的机会面前,稍有犹豫,便成为遗憾。男子汉要学会主宰自己的命运,而不是让犹豫左右自己的选择!

男孩要有好性格

机会，只留给有准备的男孩

生活中，每个人都渴望得到机会，而青少年更需要通过机会来锻炼自己、证明自己。但是青少年时期的男孩只是渴望得到机会，却常常不去做准备。他们只是幻想着得到机会后的成功和喜悦，却忘记了做好准备的重要性。

☆☆☆

晟晟是一名初中二年级的学生，今年14岁。

晟晟从小就学武术，身体的柔韧性很好。同时他也知道期末体育考试的成绩会决定下学期体育委员的职务"花落谁家"，所以，在整个第一学期，不管学习任务有多重，他都会抽出一部分时间来做体育锻炼，为期末体育考试做准备。第一学期末体育考试的时候，由于晟晟平时坚持做运动，为应对期末体育考试做了充足的准备，因此坐位体前屈这一项他拿到了全年级的最高分，并且凭借这个优势得到了体育委员的职位。

这学期开始，学习任务加重，空闲的时间都被他用来补觉了。因为平时没有时间去练习武术，他也不肯挤出一点时间去坚持锻炼身体的柔韧性，结果期末进行体育测试的时候，晟晟在坐位体前屈这一项的成绩让人大跌眼镜，上学期最高分的他这学期竟然没有达到及格的标准，而其他同学都有不同程度的进步。

晟晟总是想着自己以前的成就，觉得自己即使不锻炼也能在这一项上取得好成绩。但是，现实却给了他重重一击。他自己不好意

第九章
不要让犹豫左右自己的人生——坚决果断的男孩更能成大事

思再担任体育委员了,主动请求了辞职。

☆ ☆ ☆

故事里的晟晟凭借自己最初的充足准备获得了担任体育委员的机会,但是在另一次考试中放弃了准备,结果本来属于自己的机会,只能眼睁睁地看着它从手中溜走。最终他失去了体育委员的职位,只能懊悔不已。

当机会降临时,能够抓住它的人便有可能获得改变自己命运的机会。而抓住机会,凭借的并不是运气,而是在机会降临之前的无数努力。幸运只垂青有所准备的人。如果男孩自己不够努力,平时没有做好充分的准备,那么当机会来临时,自然也无法把握机会,无法获得成功的果实。

☆ ☆ ☆

星星是一名初中一年级的学生,他的数学成绩只是排在班里的中等偏上,而建建是班里的数学尖子,一直以来他的数学成绩都很好。

这学期开学的时候,数学老师告诉全班同学,期中考试以后要从班里面选一个奥林匹克数学竞赛者。当时班里的所有人都觉得这个名额一定是建建的,但是星星暗下决心:"从开学到期中我会一直做准备,争取获得这次机会。"

从那天以后,建建还是像以前一样做着普通的数学练习题,而星星则每天坚持要求自己在完成数学学习任务以后,再做五道奥林匹克数学竞赛的试题。

就这样,很快到了期中,期中考试以后平时数学成绩中上的星星一跃成为班里边的另外一个数学尖子,这让数学老师在确定奥林匹克数学竞赛人选时难下决断。于是,数学老师打算用奥林匹克数学竞赛的试题来单独测验建建和星星。

结果，当试卷发下来的时候，建建看着试卷一头雾水。因为这些题他根本就没有见过，而且这些试题和他平时做的试题的解题思路完全不一样，所以他基本都不会做。而另一边的星星确是乐开了花，因为老师出的题都是之前奥林匹克数学竞赛考过的题，这些题他基本都做过，而且有些还不止做过一次，所以建建和星星的水平高下立判。

最终，星星不仅拿到了奥林匹克数学竞赛的名额，而且在这次竞赛中也拿到了很好的名次。

☆ ☆ ☆

故事里的星星，开始数学成绩不如建建，但是他每天坚持练习，终于获得了参加数学奥林匹克竞赛的机会，并在最后取得了成功。由此可见，要想获得机会，就必须做好准备。

首先，在学习和生活中无论是什么事情，男孩都必须做好相应的准备。生活中总有很多同学在抱怨"世事不公、老天不给机会"，却从来不会想自己为获得这些机会做过什么样的准备。

其次，为机会所做的准备不是一朝一夕的事情，而是长期坚持。人们只知道姜太公在江边垂钓碰到了明主周文王，得到了一展才华的机会，封邦建国，名传万世，却忽视了他前期所做的准备，用知识和能力来准备，用满腹的治世才华来准备。

最后，男孩在生活和学习中应该学会如何做准备。如果说成功是一枚丰硕的果实，那么准备就是最初那颗小小的种子。如果没有这一颗种子的播种，就不会有成功果实的丰收。生活对于每个人都是公平的，如果他不准备，机会自然属于准备了很久的那个人。

第九章
不要让犹豫左右自己的人生——坚决果断的男孩更能成大事

当准备成为本能时,它才能成为我们生活中的"帮手",但是这种本能的培养不是一朝一夕就能完成的,因此需要在学习和生活中一点一滴地准备。

做决定之前,要学会正确判断事情

俗话说,良好的开端是成功的一半。一件事的开端对于事情的重要性不言而喻,正确的判断对于一个决定的重要性同样如此。青少年时期的男孩往往着急、毛躁、缺乏耐心,遇事只是着急做决定,往往不善于判断事情是否正确。如果事情判断正确,那么决定自然正确;反之,决定自然错误。因此,做决定之前,要学会正确地判断事情。

☆☆☆

男孩鑫鑫是一名六年级的学生,今年11岁。

鑫鑫遇到了烦恼,因为最近他的朋友们都开始去网吧打网络游戏了。鑫鑫渐渐地发现,每当课间时分,朋友们热火朝天地坐在一起讨论游戏里的某某角色,他竟然一无所知,并且一句话也插不进去,慢慢地自然也没有朋友和他说话了。

鑫鑫觉得,如果这样下去他可能会没有朋友。于是,他省下了平时的零花钱,这天下午,他跟着朋友一起去了网吧,就这样成了一位"网民"。渐渐地,他发现和朋友们有了共同话题。

可是,好景不长,这个月的一次测试之后,鑫鑫的成绩一落千丈,这让鑫鑫傻眼了。

为什么呢?原来,鑫鑫之前从来没有去过网吧玩网络游戏,自那次以后，游戏的场景在他脑子里不断浮现，上课的时候他也老是心不在焉的，晚上睡觉也是在回想游戏世界的东西；一天到晚，不再关注学习，只是关心和所谓的"朋友们"一起去网吧玩网络游戏；一提起功课就哑口无语，而提到网络游戏则头头是道。

☆ ☆ ☆

故事里的鑫鑫没有看到网络游戏的危害，只是关心没有和同学一起聊天的共同话题。于是，他做出了一个错误的决定——跟着同学在网吧里面打游戏。虽然，他找到了和同学在一起聊天的话题，但学习成绩一落千丈。所以，男孩在做决定之前，要先学会对事情做出正确的判断。

青少年时期的男孩，对很多未知的事物都充满好奇心，有着强烈的求知欲。但是男孩往往急于做决定而忽略了判断事情正确的重要性，最终的结果就是，越努力效果越差，适得其反。

与此相反，如果对事情有正确的判断，那么即使开始的时候有一点曲折，但最终也一定能取得不错的结果。

☆ ☆ ☆

小海今年刚上初中，由于离家比较远，他就选择了住校。

初中生六人一间宿舍，小海和其他五位同学成了舍友。离开了父母的管辖，他们生活得非常自由。周六的时候舍友一直玩到凌晨才睡，然后一觉睡到中午。

开始的时候，只有两个舍友是这样的，结果两周之后成了五个。周六晚上小海10点多要睡觉的时候，舍友们劝他，反正明天周末，也不用早起去上课，为什么睡那么早呢？小海只是笑了笑说："从小到大都这样，习惯了，你们玩吧，不要太吵，我睡觉了。"

第九章
不要让犹豫左右自己的人生——坚决果断的男孩更能成大事

结果，几周之后其他几个舍友，不是容易感冒，就是身体总是不舒服，而且得了感冒也好的特别慢。只有小海什么事情也没有。

几个舍友去医院检查以后，医生告诉他们"晚睡晚起并且不吃早饭，导致了他们身体免疫力下降"。从那以后，舍友们都老实地早睡早起，按时吃早饭了，慢慢地身体也恢复了健康。

☆ ☆ ☆

故事里的小海没有随波逐流，没有加入到舍友们晚睡晚起、不吃早饭的"大军"。结果，舍友们都生病的时候，唯独小海一点事情都没有。

在男孩的成长中，遇事要静下心来好好想想，分析判断事情的利弊。只有这样，才能做出正确的决定。

首先，男孩子必须克服自己毛躁、急于求成的性格。草率地做出决定很有可能导致最终结果的失败。青春期的男孩一定要多培养自己的耐心，戒骄戒躁，这样才有利于自己的成长。

其次，面对决定时不要着急。俗话说："心急吃不了热豆腐。"不要急于做出决定，而是以不变应对万变。事情发展到一定程度时，对错自然能够见分晓。这时候再进行选择和决定，自然也会提高正确程度。

最后，青少年时期的男孩毕竟人生阅历有限，很多事情都没有经历过，自然无法判断是非。而家长和老师就是男孩可以寻求帮助的对象。所以，男孩在遇到自己无法判断的事情时可以求助家长或者老师，在他人的帮助下做出正确的判断。

男孩在成长中会遇到很多的决定，只有学会如何做出正确的判断，才能距离成功更近一步。

摆脱优柔寡断的不良性格

俗话说，当断不断反受其乱。优柔寡断的性格会让很多本来可以成功的事情变得遥遥无期。少年时期的男孩或多或少都有这样的情况。当遇到一件事情的时候，思前想后，犹豫不决，最终错失良机。因此，男孩子要学会摆脱犹豫不决的不良性格。

☆☆☆

小凡是一名初中二年级的学生，今年14岁。

最近小凡所在的学校要举办一次全校范围内的诗歌朗诵比赛，时间在本月第四周的星期五下午。而恰巧同时，校羽毛球队也要在这一天选拔队员。

这可让小凡陷入了深深的纠结当中。从小学开始，他就是班里的语文课代表，对诗歌情感的把握总是有独到的见解，并且他的老师们也评价"他很具有诗歌朗诵方面的天赋"。所以，小凡对这次诗歌朗诵比赛很是重视，希望通过这次比赛得到同学们的认可。

但是，羽毛球也是他最喜欢的运动。从小学五年级的暑假开始他就学习打羽毛球了，到现在算是小有成就，而进羽毛球校队是他一直以来的愿望。

他很是犹豫，两边都不想放弃，每天都在做思想斗争。有一天在纠结中他突然想起来，这两项都是有网上报名的要求的，也是有时间限制的。

小凡急急忙忙地打开电脑，登录报名网页。这一看，他傻眼了，在这段犹豫的时间里，他错过了诗歌朗诵比赛和羽毛球校队选拔的报名时间。小凡因此很后悔、自责。

第九章

不要让犹豫左右自己的人生——坚决果断的男孩更能成大事

☆☆☆

故事里的小凡在遇到两件自己都很有兴趣的事情时，不知道该如何选择。最终的结果就是在他犹豫的时候，报名时间都被他错过了。从故事中我们可以看出，最终他一件事都没有成功。究其原因，就是他的优柔寡断导致的。

青少年时期的男孩，受人生阅历所限，难免会碰到一些让自己手足无措的事情，会因此产生重重顾虑，久而久之，便会养成犹豫不决的性格。

如果一个男孩子遇事总是犹豫不决，那么在今后的成长当中，他依然会错过很多的机会。这不是因为他的能力不够，而是因为他在选择上陷入了纠结。

☆☆☆

帆帆是一名初中三年级的学生，他的学习成绩一直名列前茅。

这学期学校通知，全市举办英语和数学竞赛，每个班都有一到两个名额。帆帆的数学成绩和英语成绩都很好。但是，竞赛的试题难度要比平时考试的试题难度高出很多，要想取得好成绩必须付出比平时更多的努力。

如果准备两个科目，那么时间肯定不够。所以，帆帆果断地选择了英语竞赛，并主动把数学的名额让了出去，全力以赴地准备英语的竞赛。

每天放学做完作业以后，他都拿出两个小时的时间来做英语试题。在课间，他也和英语老师不断地交流。因此，他的英语成绩提高得很快。

很快，到了竞赛时间。成绩出来后，帆帆由于全力准备英语竞赛，得到了全市英语竞赛第二名的好成绩。

☆☆☆

从这个故事里我们看到，帆帆在英语竞赛和数学竞赛的选择上并没有犹豫不决，而是果断地选择了后者，并且积极准备。果然，他的付出获得了相应的回报。

有人说，犹豫不决的性格是一个人一生中最大的敌人。的确如此，人的一生是不断取舍的过程，因此也是一个不断放弃的过程。正所谓鱼和熊掌不可兼得，作为男孩，不让自己的优柔寡断阻碍自己的选择，这是一种基本的能力，也是在学习和生活中获得成功的保障。

犹豫不决、优柔寡断的男孩遇到问题很可能会缺乏主见，因为这样的男孩总是被选择所困扰，或者在选择关头容易被他人干扰。但是在自己犹豫的过程中，错过了很多机会，只能留有遗憾。

优柔寡断的男孩将更多的时间花费在选择和纠结中，无法集中精力来思考和认真做事。因此，男孩一定要摆脱优柔寡断。

之所以优柔寡断是因为害怕失败、害怕失去，从而不敢做出选择。他们通常举棋不定，好不容易做出选择又摇摆不定，总是在担心"万一失败该怎么办"。作为男孩，失败不是最可怕的，最可怕的是不敢承担失败的后果，也不敢为了不确定的事情付出精力和时间。从某种程度上说，这样的男孩过于计较自己的既得利益，从而害怕承担风险。

作为男孩，优柔寡断的性格一定会成为自己前进路上最大的阻碍。如何摆脱犹豫、做一个敢作敢为的男子汉呢？这里有几点建议。

首先,要"冒险"。其实选择的过程就是一个"下赌注"的过程,也就是一个冒险的过程。抛开自己的优柔寡断,选择一次大胆的冒险,学习判断、学习尝试,在未知的世界里积极探索,往往会有出乎意料的惊喜和收获。

其次,要正确看待失败。人人都不喜欢失败的感觉,但不得不承认,每个人的一生中都要经历大大小小的失败,最终才能走向成熟和成功。因此,不妨将成败看得不那么重要,不要害怕失败,也不要被失败轻易打败,勇敢地做出自己的选择,让自己在失败中学会获取成功。

最后,要"有主见",不要轻易被他人的意见左右。他人的意见可以作为参考,但是最终的决定一定要自己做出。一旦做了决定,便只顾风雨兼程地完成,无论最终结果是好是坏,至少自己不会后悔。

摆脱犹豫不决的性格要从自身开始,但万事开头难,只要勇敢地迈出第一步,之后的决定就不会那么艰难了。

再好的设想,都不如一次果断的行动

古人曾经说过:临渊羡鱼,不如退而结网。意思是,坐在海边空想着鱼的美味,不如回家自己织网来捕鱼。在现实生活中,很多男孩常常设想一些美好的事情却很少有实际行动,或者羡慕他人的成功,却不去深思他人成功的原因。纵观古今中外,在各个领域取得成功的人都是实干家。所以,再好的设想,都离不开行动的支持。

每个人都有很多伟大的英雄梦想,作为男孩,与其幻想,不如从现在开始努力，用果断的行动向梦想靠近。

☆☆☆

小宇今年12岁，是一名初中一年级的学生。

他是一个思维非常跳跃且聪明的孩子，在他的脑海中总是有许多天马行空的想法。对于学到的知识，他都能很快地冒出很多的想法来，老师鼓励他把这些新颖的想法运用到实践当中，但小宇每次只是点点头敷衍老师，从来不去实践这些想法。

有一次，物理老师提议同学们运用学到的物理知识，做一些小的发明创造，下节课带到课堂上，通过大家投票选择最优秀的作品。同学们都很热情，小宇也同样如此。下课以后，同学们在一起讨论，小宇提出了很多不错的想法。当同学们提出别的意见的时候，小宇总是觉得别人的想法都太简单了，自己的创作一定能惊艳到所有人。

很快，一周过去了。物理课上同学们都兴奋地展示着自己的小发明，物理老师巡视一圈之后很满意，笑着点点头。当他看到小宇面前的桌子上是空着的时候，并没有批评他，而是让他的同桌解说了自己的小发明，然后让小宇做出点评。结果，小宇批评了同桌的发明，并且说出了更好的建议。

同桌不服气地回了他一句"我的小发明再不好，我也有啊，你的想法再好，但是你没有做出来啊！"小宇一下子羞红了脸，低下头什么也不说了。

原来，小宇一直设想了很多，却不知道如何做出来，所以这节课他才没有自己的小发明。

☆☆☆

故事里的小宇是一个思维非常跳跃且聪明的男孩，他有很多好

第九章
不要让犹豫左右自己的人生——坚决果断的男孩更能成大事

的想法,但是这些仅仅是他的设想,却从来不肯动手去做一些小的东西。所以当同桌反驳他的时候,他羞愧地低下头无言以对。

青少年时期的男孩总是有很多千奇百怪的想法,但是男孩们由于各种原因往往缺少动手的能力,因此梦想很难成为现实。缺乏行动,再好的设想也只是纸上谈兵;而再差的行动也有积极的效果。因此,当有想法时,男生应该尽快地行动起来,这样才能有所成就。

美好的想法固然是好的,但是没有行动的实践,就会毫无价值。男孩如果在成长过程中只是一味设想,那么就只是一个纸上谈兵的空想家,而不是一个行动的实干者。

☆☆☆

杨洋是一名初中三年级的学生,他的文采平平,而他的同学鹏飞却一直都才华横溢。

他俩都有一个共同的想法,就是在毕业的时候能有一篇自己的作品。鹏飞每天都在设想着自己作品的情节和人物,每天都在推翻前一天的想法。而杨洋却不是这样,他每天都带着一个小本子,只要有一点想法,就把它快速地记在本子上,然后回家整理好了写出来,日复一日。

时间过得飞快,一转眼他们的中学生涯就结束了。毕业的那天,鹏飞的"优秀作品"仍在构思设想中,而杨洋在他的详细记录的基础上,经过认真地写作,完成了作品。杨洋完成了自己的愿望,不留遗憾,也为自己的初中生涯画上了完美的句号。

☆☆☆

故事里的杨洋只是每天都在做着很不起眼的简单记录,但是他一直在行动。鹏飞虽然才华横溢,却一直沉迷于自己的美好设想,没有用行动将其变成现实。最终杨洋完成了自己的愿望,而鹏飞的愿望却遥遥无期,成了他的遗憾。

有人说,当今社会最缺少的是设想。诚然,一切创造的开端都是设想,但是设想也是需要行动来实现的。因此,在设想的同时不要忽视行动,行动才是成就成功的最终因素。

作为男孩,美好的设想要继续,但是绝不能因此而变成一个只知道"白日做梦"的人。如何将自己的设想变成现实呢?这里有几点建议。

首先,作为男孩,不要总是将自己的设想挂在嘴上,而是铭记在自己的内心,使之成为一种动力,激励自己在生活中不断汲取养分,滋养自己内心的小火苗,并且相信它终有一天会成为燎原之火。

其次,要采取行动,让自己的设想逐渐有希望成为现实。有了梦想,要积极寻找解决办法,使之逐渐落实到行动中来。生活中的大梦想都是由一个个小小的梦想组成的,因此男孩可以采取"化整为零"的方式,让自己的设想变成一个个可见的小目标,分阶段来完成。

最后,作为男孩,必须学会果断行动,并学会制订计划,让自己的行动更加清晰明确,并在实施的过程中不断矫正,这样最终才能取得令自己满意的效果。

危险面前,要当机立断

俗话说,天有不测风云,人有旦夕祸福。没有人知道危险会在什么时候降临。危险降临时,容不得我们有丝毫的犹豫,稍有犹豫

第九章
不要让犹豫左右自己的人生——坚决果断的男孩更能成大事

就可能付出沉重的代价。危险面前更能看出一个人的担当和能力。因此，作为男孩，一定要学会当机立断，将损害降到最低。

☆☆☆

泽宁是一名四年级的小学生，刚刚过完10岁的生日。

周六的时候班级组织集体去春游，泽宁跟同学们一起去了，但是泽宁是个很调皮的男孩子，总是坐不住。老师带着同学们在草地上唱歌，泽宁感觉很没有意思，就跟老师撒谎说他想去上厕所。在老师同意后，他便一溜烟儿跑没影了。

好奇的泽宁一会儿便爬到树上去了。班主任见到泽宁好久不见踪影，就知道他自己跑去玩了。班主任怕出什么危险，就让其他的老师看着同学们，自己去找泽宁了。果不其然，班主任走了不远就看到泽宁爬到了树上。由于在树上看得远，泽宁老远就看到班主任过来了，这下他可慌了神。他这一晃树承受不住了，他站着的那只枝干出现了裂痕，这下泽宁更慌了。本来旁边还有一个结实的枝干，泽宁走过去就不会有危险，但是看到快要断裂的枝干泽宁一时间不知道怎么办。

结果枝干承受不住他的晃动，断了，泽宁掉了下来，摔得特别严重。班主任急忙跑过来，拨打120将泽宁送去了医院。经过医生检查，泽宁腿骨断了，需要治疗和休养三个月。

☆☆☆

故事里的泽宁在枝干快断时表现得慌慌张张，犹豫不决，最终导致自己从枝干上摔了下来。如果当时他当机立断转向另一个结实的枝干，就不会有后面摔断腿骨的事情了。故事里的泽宁欺骗老师自己去爬树，遇到危险时不当机立断，结果在医院休养了三个多月。所以在生活中，男孩一定要诚实，遇到危险要当机立断，这样才有使自己成功地摆脱危机的可能。

　　成长中要面临的危险不计其数，作为男孩，必须具备保护自己的能力。而这种能力并不是与生俱来的，需要不断地锻炼和考验。如果面临危险时不能及时做出正确的反应，则极有可能为自己和他人带来更加严重的后果。

☆☆☆

　　翔宇是一名小学六年级的学生，今年12岁。

　　父母希望翔宇能够考上重点中学，就给他报了辅导班，他每天晚上去老师家里辅导功课。因为辅导的时间比较长，所以回来的总是比较晚。以前，都是爸爸来老师家接翔宇回家，最近爸爸由于工作比较忙，就让他自己回家。

　　每天晚上九点以后，翔宇都要自己走好长一段时间的夜路，最开始几天没有什么异常。后来他发现总是有人跟着他，第一天他没有太在意，以为只是路上的行人。但是第二天他试着甩开那个跟着的人几次都未成功。他这才发现有人跟踪他，而且居心不良。

　　在第三天他回家的时候，果然，那个人又开始跟着他，并且加快了脚步跟他靠得更近了。翔宇没有慌张，他果断地走到一个迎面走来的男人面前，大声地说："爸爸，你来接我了，后边有人老是跟着我。"跟在后面的那个人听到以后，转头就跑了。

　　那个男人这才反应过来，夸奖道："真是个聪明的孩子，我给你爸爸打电话，让他来接你吧。"翔宇说了爸爸的手机号，一会儿爸爸就到了。从这以后，爸爸或者妈妈每天都去接翔宇回家，这种事情再也没有发生过。

第九章
不要让犹豫左右自己的人生——坚决果断的男孩更能成大事

☆☆☆

从故事里我们可以看出,翔宇在危险面前,没有慌张,当机立断,和过往的行人表演了一出戏,成功地吓跑了跟踪他的坏人,最后摆脱了危险。

其实生活中总是能和危险不期而遇,面临危险时如何应对往往就在一念之间。因此在危险面前,男孩一定要学会沉着冷静、当机立断,做出尽可能正确的抉择,将损害降到最低,这样才能成功地摆脱危险。男孩在成长过程中会遇到很多危险,但是如何才能做到当机立断呢?

首先,当机立断的性格不能一蹴而就,需要不断地在实践中强化形成。因此作为男孩,在日常生活中就要学会做一个有主见、有能力的人,做事不拖泥带水,及时做出决定。男孩可以从生活中的小事做起,从小事的决断中培养自己当机立断的意识。

其次,在危险面前一定要保持一个清醒的头脑。男孩在应对危险的时候,清醒的头脑尤为重要,只有这样才能在危险面前当机立断,及时想出应对的办法。尤其是在危险面前,要学会沉着冷静,即便强迫自己,也要保持冷静,因为只有这样,才能做出相对正确的决断。

最后,在危险面前男孩千万不能鲁莽逞强,而是积极寻找成年人的帮助。危险来临时,一定要以保护自己的人身安全为第一要义。

第十章

咬定青山，立根破岩
——坚韧不拔的男孩更容易成功

"天将降大任于斯人也，必先苦其心志，劳其筋骨，饿其体肤，空乏其身，增益其所不能"。成大事者必定要经过磨砺，没有任何人可以随随便便成功。男孩要想成就辉煌的人生，就必须具备坚韧不拔的品质。一旦有了梦想，便只顾风雨兼程、坚定信念、勇往直前，相信自己终能成功！

男孩要有好性格

理想有多远，你就能走多远

托尔斯泰曾说："人活着，一定要有生活的目标。"而这个目标，就是我们经常挂在嘴边的理想。我们的生活，因为理想的存在才变得绚丽多彩，充满激情和惊喜。理想拥有强大的力量，能够为我们的人生之路指引方向，也能给我们带来奋发向上的勇气，让我们为了最后的目标而坚持不懈，最终梦想成真。所以，男孩从小就要树立远大的理想。

☆☆☆

郭含德是一名刚上初中的学生，新学期第一节课上，班主任问班里面的每一名同学："同学们的理想是什么？"有的人说当医生，有的人说当老师，还有的人说当科学家……老师觉得学生们憧憬的未来非常丰富多彩。这时候，老师注意到了坐在最后一排角落里的一个学生，他正在向外张望着，他的名字是郭含德，于是问他："你的理想是什么呢？"

"我……我……我也不知道。老师，有了理想就一定会实现吗？"郭含德问道。

老师说："理想对我们每一个人都非常重要，有了理想我们就有了前进的目标和人生的方向，随着年龄的增长，你的理想可能发生改变，但至少你为当前这个目标努力过、奋斗过，这就是你一生的财富！"

"我明白了，谢谢老师！"他说道。

第十章
咬定青山,立根破岩——坚韧不拔的男孩更容易成功

郭含德虽然明白了理想的重要意义,但他依然没有找到合适的理想,只能照常生活和学习。他算不上出类拔萃的学生,但很认真、很努力。到了初三,学习越来越紧迫,他意识到,自己必须考上一个好高中,再考上一所好大学,然后才能有更高的目标。就这样,他找到了自己的理想。为了实现这个理想,他每天都充满激情和动力。在不懈努力之下,他的成绩日益提升,最终如愿地考上了市里的重点高中。

☆☆☆

故事中的郭含德起初没有理想,在老师的指点下,他终于明白理想对于人生的意义,也逐渐找到了自己的目标,并通过不懈努力,最终成功考入重点高中,实现了阶段性的目标。理想是我们生命中必不可少的精神财富,能够为我们提供前进的动力。一个人倘若没有理想,就好比行尸走肉,终日浑浑噩噩、随波逐流,很难创造更高的人生价值。所以,男孩一定要给自己树立一个远大的理想。

很多男孩都有过远大的理想,也希望可以飞黄腾达、成为人上人。但是他们往往难以坚持,几年后就会把自己的理想抛到九霄云外,而他们最初的理想也只能成为年少时的美好回忆。所以,理想不能只是一种想法,我们还要为此付出实际行动,并持之以恒,这样才有可能将其实现。

☆☆☆

有一位英国教师,他在退休多年后,偶然去阁楼整理自己年轻时的旧物,无意中看到一叠本子。他翻开一看,原来是幼儿园的孩子们写的作文。在这些作文中,孩子们提到了自己的理想,以及对

未来生活的向往。有个孩子名叫戴维,他双目失明,但非常乐观开朗,他在自己的作文中写道:"将来我要成为英国的内阁大臣,而且是第一位盲人内阁大臣。"看着孩子们写的作文,这位教师突然产生一种想法,"我可以把这些作文寄给孩子们,让他们回忆起童年时期的美好。不知道他们有没有实现儿时的梦想。"

他把自己的想法告诉了一家报社,该报社的社长很乐意帮他这个忙,在某一期报纸上刊登了一则消息,让这些学生把自己的地址告诉这位教师。不久,这位教师收到一位内阁教育大臣的来信,信中写道:"您好,亲爱的老师,我就是那个叫戴维的盲童,谢谢您还保留着我儿时的理想。自从有了理想后,我一直为其努力着,从未放弃过。如今已经过去几十年了,我也如愿以偿地成了内阁大臣。我很想告诉当时的伙伴们和现在的年轻人们,只要始终坚持自己年轻时的理想,总有一天会看到奇迹。"

后来,这位教师将戴维的这封信拿到报社,希望社长可以把它刊登在一个显眼的地方,用来激励年轻人。

☆☆☆

故事中的戴维是一位盲童,他的理想是成为英国的内阁大臣,因为那时英国还没有一位盲人能进入内阁。戴维始终坚持自己的远大理想,不断奋斗,经过多年的努力,成功进入英国内阁,成为内阁教育大臣。他说:"只要始终坚持自己年轻时的理想,总有一天会看到奇迹。"所以,只要男孩从小树立远大的理想,并为之坚持不懈地努力,总有一天会收获成功。

树立远大理想后,想实现理想,还要掌握一些方法。例如学习成功人士的成功之道,包括他们解决困难的方法,做人做事的原则

第十章
咬定青山，立根破岩——坚韧不拔的男孩更容易成功

等。此外，还要付诸行动，无论你是想成为商人、学者、政客还是科学家，都要努力学习，主动提升自己的能力，只有这样才有可能取得成功。同时，还应该给自己适当的鼓励，让自己永远保持激情，不断进取，如此一来，成功才会水到渠成。

信念，不能轻易动摇

古往今来，无数人的经历告诉我们一个道理：倘若一个人缺乏信念，或者不坚守自己的信念，就会变得非常平庸；反之，如果一个人有信念，而且能够始终坚守，就会取得非凡的成就。信念拥有强大的力量，可以帮助我们直面和挑战恶劣的环境，不断提升能力，获得成功。

信念是男孩安身立命的法宝、成功的阶梯。在学生时代，男孩就要树立信念，并矢志不渝地坚守，这样才能创造自己的人生价值。

☆☆☆

杨树很喜欢爬山，因为他觉得爬山可以锻炼自己的心智，让自己坚定信念，勇往直前。第一次爬山时，那是一个阳光明媚的上午，一大早他就和爸爸妈妈来到一座山的脚下。看着雄伟的高山，他感慨道："哇，好高的山啊！我能爬到山顶吗？"

妈妈鼓励他说："只要你坚定信念，就一定能到达山顶。"

他点点头，说："好，我一定能到达山顶！"说着，他就和爸爸妈妈一起往山上爬。起初杨树充满激情，速度也很快，可是爬到半山腰后，他觉得很累，就产生了放弃的念头。"妈妈，我不想再

爬了，太累了！"

"杨树，你怎么能轻易动摇信念呢！爬山本来就是很累的事情，如果不坚持下去，很多人都到不了山顶。"妈妈严肃地说。

杨树觉得妈妈说得很有道理，稍作休息后，又继续向山顶前进。这一路非常辛苦，因为越往上走山路就越陡，走起来也更累。"我不会放弃的，我一定要爬上山顶！"杨树在心中默念。

中午的时候，他们一家三口成功登上山顶。杨树眺望远方，把山下的美景尽收眼底，高兴地说："这种感觉真好！"

☆☆☆

故事中的杨树在爬山的过程中明白一个道理，只有坚定信念，毫不动摇地向前行，才能到达目的地，获得成功的喜悦。日常生活中，男孩一定要坚定自己的信念，不轻易动摇，否则就会半途而废，成为失败者。

实现理想的过程如同挖井的过程。首先，我们必须找到可能挖出水的地方，然后坚定不移地向下挖，直到挖到水源为止。有的人永远挖不出水，因为他们没有坚定信念，总是中途放弃。当水源距离地面六十米时，他们总是挖到五十米处就放弃了，然后再从其他地方挖。如此一来，不论付出多少努力，他们都无法看到希望。漫漫人生路，我们总会遇到各种苦难，但无论遭遇何种逆境，只要坚守内心的信念，生活就不会失去希望，美丽的旅途也不会中断。

每个人在树立信念之后都要努力坚守，无论受到多大的压力，都不要轻易动摇。当我们在路途中遇到障碍时，总有人劝我们"放弃吧"，并给我们指出一条新路。这时，我们是应该想办法把障碍物搬走、继续前行，还是听从他人的意见，改变人生的

第十章
咬定青山，立根破岩——坚韧不拔的男孩更容易成功

方向？每个男孩都要明白，无论前路发生什么，能为我们的人生负责的只有自己，所以，一定要坚守自己的信念，不要轻易被他人的意见所左右。

☆ ☆ ☆

很多人都没有想到，罗杰·罗尔斯居然能成为美国纽约州的州长，而且是该州第一位黑人州长。

罗杰小时候很不服管教，学习成绩也不好，老师并不喜欢他，所以放任他调皮捣蛋。有一天，他正准备翻墙逃课，被校长逮个正着。他站在校长面前，一脸的桀骜不驯。他以为校长肯定会像其他老师一样，把他狠狠地教训一顿，可事实并非如此。

校长说："小家伙，把你的手给我看看。"罗杰只好把手伸过去，校长看了看他的手相，说："不得了啊，你将来会成为纽约州的州长！"

罗杰听了非常诧异，不过他很迷信，所以认为校长说的一定会实现。从那一天起，他开始认真学习，严格要求自己，向纽约州州长的目标努力。经过四十年的努力，他终于实现了这一目标。在就职纽约州州长当天，他发表了一段振奋人心的演讲，他说："信念值多少钱？信念不值钱，它有时甚至是一个善意的欺骗，但是你一旦坚持下来，它就会迅速升值。"他坚定信念、取得成功的故事鼓舞了当地很多年轻人。

☆ ☆ ☆

罗杰·罗尔斯本来是一个不服管教的男孩，但自从树立了成为州长的信念后，就勇往直前，毫不动摇，最后成为美国纽约州历史上第一位黑人州长。罗杰·罗尔斯说："信念不值钱，它有时甚至

是一个善意的欺骗，但是你一旦坚持下来，它就会迅速升值。"所以，男孩要坚定自己的信念，让自己的人生更有价值。

信念是一种勤恳的态度。古往今来的众多名人，他们能够坚定信念、取得非凡的成就，很大程度上源自勤恳的态度。例如古代思想家老子，他始终坚守"活到老、学到老"的信念，勤勤恳恳，不断学习，潜心修道，最终成为闻名千古的思想家。

信念也是一种执着，是对生命的热爱、对未来的憧憬。当我们坚定信念时，就能执着地向目标前进，并对自己所做的事情充满兴趣和激情，也坚信可以创造美好的未来。当然，如果我们所坚定的信念是错误的、不科学的，就要及时更换，以免让自己误入歧途。

大丈夫不仅能伸，还要能屈

俗话说："大丈夫能屈能伸。"作为男孩，如果只会"伸"，就会渐渐变得暴躁、霸道，遇事不知道变通，受不得半点委屈。长此以往，会对自己的学习、生活和人际关系产生很多不利影响，因此作为男孩，要想取得成就，就必须"能伸能屈"。

屈，并不是失败后的颓丧自卑和怯懦；伸，也并非功成名立后的傲慢自负、目中无人。这是避让锋芒、待机而发的谦忍智慧，是身正无畏、乐观自信的心态。为人应如此，处事亦如是。

人的生存与发展和"屈""伸"也有分不开的联系。走路时，必须依靠双腿一屈一伸才能前进；拾取东西得弯腰伸手；吃饭得通过手的屈伸把食物送进口中；劳动工作更是由无数屈伸动作组合来

第十章
咬定青山，立根破岩——坚韧不拔的男孩更容易成功

完成的，这些都是生存与屈伸的关系。

☆☆☆

京剧大师梅兰芳曾经在演出京剧《杀惜》时，台下一片喝彩声。但是梅兰芳在转身进去时却听到一声："不好"。他来不及卸妆更衣就用专车把这位老人接到家中，恭恭敬敬地对老人说："说我不好的人，是我的老师。先生说我不好，必有高见，定请赐教，学生决心亡羊补牢。"随后梅兰芳俯身鞠躬虚心求教。

老人指出："阎惜姣上楼和下楼的台步，按梨园规定，应是上七下八，大师为何上八下八？"梅兰芳恍然大悟，连声称谢。从此之后，梅兰芳经常请这位老先生观看他演戏，并请他指正，称他为"老师"。

☆☆☆

梅兰芳虽为一代大师，但是在批评声面前，他并没有摆出自己"大师"的架子，而是虚心向指出他缺点的老先生求教。正所谓"大丈夫能屈能伸"，在自己的问题面前，梅兰芳能够"屈"，而且"屈"得心服口服。但是他的"屈"并没有让他的形象打折扣，也没有让人看不起他，而是让他提高了自己的能力，也让人更加尊敬他。这就是梅兰芳大师的"屈"，他的"屈"是一种谦虚的表现，无论自己取得多大成就，造诣有多高，他都不会趾高气扬、盛气凌人，反而对人更是恭敬、和蔼。

能屈能伸，简单的四个字却是可以成就男孩一生的金玉良言。在学习生活中，能屈能伸能够让男孩求近思远、积极进取，用智慧成就未来。在社会中，能屈能伸的男孩隐忍亦激扬，懂得收敛自己的光芒，懂得进退，脚踏实地。在人际关系中，能屈能

伸的男孩让身边的人生活得更加舒服，不会轻易与人发生冲突，遇到问题也能够冷静处理，而不是情绪化，激化矛盾。

能屈能伸，是一种生活智慧。俗话说"识时务者为俊杰"，能屈能伸，不是委曲求全，不是毫无个性，也不是一味顺从，而是在分析当下局势利弊之后做出的最佳选择。聪明者善强善伸，有修养者能屈能伸，成大事者大屈大伸。大屈，是大智慧、做大事业者的必选；大伸，是成大功、大业、大成者的必选。

☆ ☆ ☆

《晏子春秋》里记载了这样一则趣事：晏子作为使臣被派遣到楚国。楚王知道晏子身材矮小，为了羞辱他便在大门的旁边开一个小洞请晏子进去。晏子看到后并不进去，也没有恼怒，而是对楚人说："出使到狗国的人从狗洞进去，今天我出使到楚国来，如果楚王承认楚国是个'狗国'，那我便从'狗洞'进去。如果楚国并不是'狗国'，那我就不应该从这个洞进去。"楚人回禀楚王后，楚王对晏子的智慧非常敬佩，更称赞了他的气节。

☆ ☆ ☆

故事中的晏子拥有随机应变的智慧，又拥有不辱尊严的气节。面对楚王的侮辱，他并没有破口大骂，这看似是一种"屈"，但是却在"屈"中狠狠地回击了楚王。

伸，是一种身正无畏的精神，李白的"天生我材必有用"，苏轼的"一蓑烟雨任平生"，皆是如此。当一个人时刻保持伸直腰板、身正无畏的姿态时，他并不是趾高气扬，目中无人，更多的是一种临危不乱，是一种自尊自信的乐观心态。

第十章
咬定青山，立根破岩——坚韧不拔的男孩更容易成功

☆☆☆

小春从小就是一个非常懂事的男孩，很少与人发生争执，也很少惹麻烦。

一天，小春一进教室，就看到同桌气呼呼地冲着他过来了。

"你说，是不是你把我的作业本弄湿的？"同桌生气地冲小春说道。他的作业本上湿了一大片，显然是一杯水倒在了上面。

"我刚做好的作业，你说现在怎么办？"

"不好意思，我想你弄错了，这并不是我弄的。"小春也没有生气，心平气和地说道。

"不是你是谁！我的作业本离你最近！我刚出去一小会儿回来就这样了！"同桌还是不依不饶。

"这样吧，我有办法能把作业本弄得平整一些，你先等等！"小春说着接过他被打湿的作业本，先用卫生纸吸掉水分，又找了一块玻璃，把作业本压在玻璃下面。

"这个作业本是我刚买的，你先用吧。"小春又从书包里掏出一个新的作业本递给同桌。

这时候，小春前面的同学突然进来了，他一脸歉意地说："不好意思小春，我把你的水杯打翻了，弄湿了你的作业本，对不起啊，要不要我买个新的给你？"

"没事，不过你该向我的同桌道歉，你弄湿的是他的作业本。"

这时候小春的同桌非常惊讶，他也感到很不好意思。看着一脸和气的小春，他感到十分羞愧，但是小春并没有责怪他。

"没关系，大丈夫能屈能伸，受这点委屈还不算什么！"小春笑着说。

☆☆☆

故事中的男孩小春是一个能屈能伸的男子汉，遇到问题不急不躁，而是用和平的方式来解决。因此他能够及时解决问题，也能够赢得他人的尊重。在生活中，男孩也要向小春学习，做一个能屈能伸的大丈夫。

男孩要做到能屈能伸，首先，要学会克制自己的脾气。每个人都有自己的"脾气"，在遇到对自己不利的情况时都会想要发泄，但是并不是所有的情况下都能够任由自己发作。因此，男孩要学会克制自己的脾气，尤其是那些脾气暴躁、容易动怒的男孩，更要控制自己，以免铸成大错。

其次，男孩要学会审时度势，权衡利弊。能屈能伸，是一种顾全大局的表现，更是男孩成功的关键。能屈能伸的男孩更容易看清局势，知道自己当前应该做什么，因此也更加容易成功。

最后，需要注意的是，能屈能伸，并不意味着失去原则、见风使舵，也不意味着失去自我、没有主见。能屈能伸的同时也要保持自己的原则，不能突破自己的底线，更不能因此而失去自我。能屈能伸的同时更应该保持本心，这样方能得始终。

想成为强者，就要不断进步

生活就是一个巨大的竞技场，每个人要想在这个高手不断的竞技场中取得一席之地，就必须让自己不断取得新的成就，在原有基础上持续进步。尤其是男孩，要想在学习和生活中取得成就，就必须保持上进，唯有不断进步，才能不断成长，最终取得成功。

第十章
咬定青山，立根破岩——坚韧不拔的男孩更容易成功

真正的强者从来不是一成不变的。在如今竞争激烈的社会中，没有人能够一劳永逸地获得成功。要想不被时代抛弃，就必须学会"学习"，保持不断学习的能力，才能不断接触新的事物，才有机会获得成功。

☆☆☆

鑫鑫从小酷爱钢琴，立志要好好学习钢琴演奏，将来成为一位伟大的演奏家。

鑫鑫是个很有艺术天赋的孩子，在辅导班里也经常受到老师的夸赞。他学习新曲子非常快，往往别人不是很熟练时，鑫鑫已经能够流利地演奏了。老师夸赞、同学羡慕，再加上父母在亲友面前有意无意的"炫耀"，让鑫鑫渐渐地有些飘飘然。

鑫鑫开始觉得自己非常成功，幻想自己是已经在维也纳金色殿堂演奏的著名钢琴家，慢慢地在学习钢琴这件事上松懈了下来。老师安排的曲子再也不好好练习，他以前每天把自己关在屋里一练习就是五六个小时，现在每天断断续续地勉强练习三四小时。

妈妈催促他练习时，他不耐烦地摆摆手："没事！我那么厉害，还用得着练习啊！"

"你这样别人很快会超过你的！"妈妈劝道。

"不会，他们都那么笨，怎么会超过我呢！"鑫鑫非常自信。

老师也很快感觉到了鑫鑫的懈怠和骄傲。

一天，老师在上完课之后对所有同学说："今天大家分别来演奏自己最熟悉的一首曲子，然后相互评分，温故而知新嘛！"

老师话语一出，大家开始摩拳擦掌，准备自己的表演。鑫鑫当时在心里嘀咕："是《致爱丽丝》还是《四小天鹅》呢？哎呀不

行，《四小天鹅》很久没练习过了，可能会出错，但是《致爱丽丝》我也不知道能不能熟练地弹下来啊……"

就在鑫鑫的纠结中，同学们一个个地进行着自己的表演。不过鑫鑫可没有心思欣赏，因为他一直没有确定，到底哪个曲子才是自己最拿手的。

就在他的犹豫中，已经轮到他了。故作镇定的他走上来，但是，当手指触到钢琴的那一刻，他发现自己的手指在发抖，慌乱中他演奏了《致爱丽丝》，当然，中途出了很多错误。

"俗话说：三天不练手生。还是要好好练习才能保持优秀啊！"老师意味深长地说。鑫鑫十分羞愧地低下了头。

☆ ☆ ☆

故事中的鑫鑫虽然很有天赋，也的确很优秀，但是他很快就沉浸在了成功的喜悦中，而不去努力练习，最终自己再也不是当初学习很快的"学霸"了。

学如逆水行舟，不进则退。不管是学习还是生活其实皆是如此，要想保持优秀就必须不断努力。这个世界上有太多努力的人，时刻保持上进尚且可能被人取代，更何况停滞不前。因此，作为男孩，在任何时刻都要保持上进，不能放任自己的懒惰毁掉自己的人生。

☆ ☆ ☆

乐乐从小就是个很优秀的男孩，学习成绩一直不错，性格开朗的他在学校里表现也很好，老师同学都很喜欢他。乐乐学习非常主动。认真刻苦的他让父母也非常放心，总是劝他神经不要绷得太紧。但是乐乐却说："学校里优秀的学生太多了，我必须时刻保持

第十章
咬定青山，立根破岩——坚韧不拔的男孩更容易成功

警惕，一天不努力，就有可能被别人超越，到时候再想奋起直追就很难了。"

尤其是上了初中后，乐乐的成绩更上一层楼，原本在学校里名列前茅的他开始参加全县的竞赛。但是那时候的他却只是个"无名小卒"，不过沮丧之余他却明白了人外有人的道理，因此决定要更加努力，在更广阔的天地里取得成就。

从此以后乐乐更加用功，他将目标放在了全县第一、全市第一甚至全国第一。只要一想到在更大的地方就有更加努力、更加优秀的人时，乐乐就浑身充满了干劲。

终于，乐乐也开始在全县的竞赛中崭露头角，并渐渐开始稳拿优秀。经过中学三年的努力，乐乐考入了全省最优秀的高中。

☆ ☆ ☆

故事中的乐乐没有因为自己的成绩沾沾自喜、从此止步不前，而是更加努力，争取更好的成绩。因为他知道，人外有人，天外有天。因此他将自己的目标放得更加长远，并在不断努力中越来越接近自己的目标。

生活是一个永不停歇的战场，所有人都在争斗中努力。但不同的是，有的人拼尽全力，依然没有放弃向着更高的目标努力，而有的人，在还没有用全力时便以为自己已经尽了力，就这样轻易地放弃了努力，早早地将自己的人生定格在了小小的天地中。

在生活中，要想成为强者，就必须让自己保持上进，不断取得进步，这样才能有更高、更广阔的天地等着自己。首先，要学会不满足于现状，这种对生活的不满足是男孩前进的动力。一颗永不满足的心会敦促自己再向前一步，在这种力量的驱使下，男孩终将成

为更好的自己。

其次，要学会寻找榜样，激励自己。男孩可以为自己寻找一个榜样，将其作为目标并不断努力超越这个目标。一旦这个目标实现，立刻寻找一个更好、更高的目标来尝试完成，就这样在不断地改变目标的同时不断取得进步，让自己获得更大的成功。

最后，男孩要学会调节自己的心态。努力地生活必然是有压力的，因此要在这个过程中学会调节自己的心态，使自己在一个平和、良好的心态中健康地追求进步，而不能剑走偏锋，成为一个嫉妒心强、心胸狭窄的男孩。

遭遇逆境，要执着向前

若想在生活中实现理想，在逆境中收获成功，必不可少的就是执着向前的精神。因为无论我们智慧多高、运气多好、能力多强，都无法完全避开人生路上的各种障碍，当遭遇逆境时，我们只有执着向前、坚持不懈，才有可能顺利渡过难关，柳暗花明。曾经的英国首相丘吉尔曾说："你最困难的时候也许就是你离成功最近的时候。"所以，只要我们在逆境中执着向前，就有可能获得最后的成功。

☆☆☆

聂司辰上小学时成绩一般，升入初中后，课程的增多，使他觉得压力很大。第一学期下来，他发现自己有很多课程都跟不上，成绩也很不理想。

"再也不能这样了！"到了第二学期，聂司辰开始计划着如何有效地提高自己的成绩。他的想法是，多练习、多思考，逐步提升成

第十章
咬定青山，立根破岩——坚韧不拔的男孩更容易成功

绩。所以他每周都会做一些练习题，但是几次月考后，他发现自己的成绩并没有明显的提升，心里很难过。"既然这么辛苦都不能进步，我还学什么！"他慢慢减少了练习量，后来干脆直接放弃了。

他开始自暴自弃，也不再考虑如何提高成绩，还经常和其他同学一起逃课去网吧打游戏。班主任发现后，把他逃课去网吧的事情告诉了他的家长，家长和老师多次劝导他好好学习，他嘴上虽然答应了，但行动上丝毫不变，后来对师长的教育更是无动于衷。

慢慢地，周围的人对他失去了信心，他的名次也一落千丈，从中等生变成了差等生，而且始终没有进步的迹象。

☆☆☆

故事中的聂司辰升入初中后，对自己的学习成绩很不满意，起初他还想办法努力提高成绩，但由于进步不明显，便自暴自弃了。即便老师和家长苦口婆心地劝导，他也总是无动于衷，最后，大家都对他失去了信心。其实，每个人的一生中都会遇到很多困难、陷入逆境，如何对待逆境，对我们的未来有很大影响。逆境就像人生的十字路口，我们如何渡过、如何选择，都要经过一番深思熟虑。我们如果执着向前，勇闯难关，就可能收获成功；反之，我们如果畏惧前进、自暴自弃，就会成为人生的失败者。

人生路上既有风和日丽，也有狂风暴雨。在遇到风雨时，我们可以暂时休息，但不能因此放弃理想。每一次逆境都是一次考验，如果男孩能够正视逆境，把逆境当作磨炼，就会抓住成功的机会。

☆☆☆

张章是一个因病休学一年的学生，病好后回到了自己原先的班级。因为休学，起初他的名次经常排在后面。在其他同学看来，张

章在剩余的一年内连跟上进度都很难，就别提考入重点高中了。

但是张章不这么认为，他一直相信，只要执着地付出，就一定能够得到等价的回报。于是，他开始补习自己落下的课程，每天都认真听讲、记笔记，课下也会努力复习，还经常把平时遇到的难题记下来，然后请教同学和老师。

放学后，同学们回家或者去玩，而他还待在教室里，认认真真地做练习题和老师布置的作业。他还把不会做的题目进行分类整理，然后仔细研究、归纳、总结，每隔一段时间，都会把这些总结的难题再看一遍，温故知新。

他一直这样坚持到中考，最后真的创造了奇迹。成绩出来之后，同学们都非常惊讶，他的分数居然超过录取线58分，而且成功考入市里的重点高中。

☆☆☆

故事中的张章虽然因病休学一年，但他没有因此放弃自己的学业，一边努力补习落下的课程，一边认真学习新知识，付出比其他同学更多的努力。最后，他成功考入重点高中，让同学们惊讶不已。遭遇逆境不可怕，可怕的是我们没有执着向前的勇气。

任何人的一生都不可能一帆风顺，会遇到很多难题和障碍。这时我们应该谨记，难题并非麻烦，而是生活给我们的考验。在经历考验的过程中，我们可以学到更多知识，掌握更多技能。经过一次次考验的积累，我们就会离目标越来越近。所以，逆境带给我们的是学习和成长的机会，当男孩遭遇逆境时，要执着地向前走，磨炼自己的意志，提升自己的能力，为实现目标积累能量。

鲁迅说过："真的勇士，敢于直面惨淡的人生，敢于正视淋漓

第十章
咬定青山，立根破岩——坚韧不拔的男孩更容易成功

的鲜血。"勇士之所以能够成为勇士，是因为他们遭遇逆境时从不退缩，永远执着地向目标前进。所以，男孩在遭遇逆境之后，要大胆地往前走，执着地追求目标，最终一定会收获成功的果实。

有始有终，是成功的基本素质

男孩年少好动，但大多缺乏坚强的意志力。很多男孩对新鲜的事情充满了好奇，但多数一旦遇到一点儿挫折和困难便会选择放弃，很少能够做到善始善终，自然很难取得成功。

"宝剑锋从磨砺出，梅花香自苦寒来。"做事情最重要的就是坚持。这句话说起来容易，做起来却要克服极大的困难。对于男孩而言，做事要有始有终，不能半途而废。即使遇到困难，也要想尽一切办法克服困难，在自己努力的过程中磨炼自己的意志力，让自己变得更加成熟，最终抵达成功的彼岸。

☆ ☆ ☆

上中学的马力参加了一个手工模型比赛，刚参赛的马力干劲儿十足，回到家顾不上吃饭就动手做自己的坦克模型，但是做到一半的时候发现坦克模型多出来一块儿，于是他用小刀去调整，试图将模型做到最好，可一不小心又刺偏了，马力很沮丧，放弃了调整，决定先去粘坦克链子，结果胶水又放多了，马力失去了耐心，"烦死人了，我不做了。"说罢，把坦克模型丢到一边，大喊："妈，好吃的呢？"把做模型的事情丢在了一边。

☆ ☆ ☆

故事中的马力一开始的心态是好的，积极参加新活动并且认真

去完成，但是在遇到一点点的小困难之后便甩手不做，半途而废。

很多时候，男孩对新鲜的事物存在极大的好奇心，在这种好奇心的驱使下，男孩会尝试做一些事。但是没有任何事情可以随便成功，一旦遇到困难，被好奇心支撑的动力便立马消失无踪，于是半途而废，最终只能草草了事，长此以往自然一事无成。

人的惰性是成功的阻碍。做事情半途而废、不能有始有终的人，很多都是被自己的惰性打败的。所以，生活中最大的敌人其实是自己，如果一个人可以战胜自己的惰性，那么他的生活中的很多困难便不再是困难，成功自然水到渠成。

☆☆☆

我国唐朝时期的伟大诗人李白，小的时候也讨厌读书，总想着偷溜出去玩。一次趁先生出门，他又偷跑出去玩。到了山下的小河边玩时，他发现一个老婆婆正在河边磨铁杵，他很好奇，便跑过去问："老婆婆，您为什么要磨铁杵呢？"老婆婆笑着说："我是在磨针呢。"李白惊讶道："铁杵这么粗，怎么可能磨成针呢？"老婆婆说："只要每天都来磨，这根铁杵会变得越来越细，还怕不能磨成针吗？"李白听后，沉思良久，联想到自己，不由得感到羞愧，跑回了书屋。从此，他下定决心努力读书，并且坚定"只要功夫深，铁杵磨成针"的信念，最后终于成为我国伟大的诗人，并被尊称为"诗仙"。

☆☆☆

李白也曾是年少懵懂的男孩，也如我们很多人一样不喜欢读书，不能坚持去做一件事，可他受到老婆婆的启迪后开始发奋读书，并且坚持了下来，这也为他后来成为"诗仙"奠定了文学基础。因此，男

第十章
咬定青山，立根破岩——坚韧不拔的男孩更容易成功

孩想要成功，最基本的素质就是坚持，不轻易言弃，不敷衍了事，善始善终，只有这样，才能取得真正的成功。

作为男孩，要想学会做事有始有终。首先，要磨炼自己的意志力，让自己变得坚韧、变得坚强。坚持不懈的精神需要坚韧不拔的意志。例如有的男孩沉迷于网络游戏无法自拔，甚至逃课去打游戏，这样的事情在生活中屡见不鲜，因为他们缺乏坚韧不拔的意志来克服外界的诱惑。

其次，男孩要懂得克制自己，战胜自己的惰性，不让人性弱点成为自己的软肋。每个人都会有缺点，懒惰也是人性的基本表现。但是，如果一个男孩被自己的惰性支配，完全受自己的惰性控制，那么他将一事无成。因为一个连自己的懒惰、懈怠等情绪都无法克制的人，自然无法取得学习和生活上的成功，也无法取得他人的信任，在与人合作的过程中无法让他人感觉到他的可依靠性。因此，男孩只有学会克制自己，才能不半途而废，善始善终。

最后，男孩可以借助榜样的力量来激励自己。每当自己感到非常困难甚至想要放弃的时候，想想世界上还有很多人在面对困难时从不轻易放弃，尽管艰难无比。作为男孩，要有自己的人生榜样，在榜样的激励鼓舞下直面困难、永不放弃。

"骐骥一跃，不能十步；驽马十驾，功在不舍；锲而舍之，朽木不折；锲而不舍，金石可镂。"正如古人所言，万事贵在坚持。世界上没有随随便便的成功，任何荣耀都是依靠持续不断的努力和永不停止的奋斗来交换的。因此做一个坚持的男孩，即使有困难，也要咬紧牙关、坚持不懈，相信自己终有一天会柳暗花明。